AF559269

ES IST EIN IRRTUM, ZU BEHAUPTEN, DASS MIT TYPOGRAFISCHEM MATERIAL DINGE PRODUZIERT WERDEN KÖNNEN, DIE JEDER MACHEN KANN, UND ES WIRD AUSSER ACHT GELASSEN, DASS AUCH HIER NICHT DIE TECHNIK ALLEIN, SONDERN HAUPTSÄCHLICH DER GEIST AUSSCHLAGGEBEND IST. IMRE REINER

Man glaube nicht, daß irgend ein Buch, ja irgend eine Drucksache zu gering sei, um sie auf Schönheit anzusehen. Der kleinste Zettel, die Visiten- oder Geschäftskarte, das Inserat, die Zeitung sind entweder mit Geschmack oder geschmacklos gesetzt. Es ist auch gleichgültig, welchen Inhalt das Buch habe, ob Poesie oder Prosa, ob Kunst oder Wissenschaft, ob Ewiges oder Alltägliches. Selbst das bescheidenste Heft kann durch die Druckerkunst geadelt werden, so gut wie die Flugblätter und Eintagsschriften der Alten, die in den Museen aufbewahrt werden. Sucht am Einfachen die Schönheit zu fördern, so sorgt ihr am besten für die Kunsterziehung des Volkes! Und versteckt euch nicht hinter dem Einwande, daß der Geschmack in der Typografie teurer sei als der Ungeschmack!

Peter Jessen

Stilkunde

DER KLEINEN DRUCKSACHEN

von Martin Z. Schröder

zu Klampen

In diesem Buch

Einladung

zur Lektüre eines Buches über die Typografie der Akzidenz

Wir schreiben heute mehr elektronische Nachrichten als Briefe und Karten auf Papier. Doch gerade weil wir ständig an Bildschirmen schreiben und lesen, fallen die privaten Drucksachen besonders auf. Ein Brief ist zu einer außergewöhnlichen Botschaft geworden. Eine gedruckte Einladung unterstreicht ihre Geltung. Geburtsanzeigen auf Papier wirken bedeutsamer als eine Kurznachricht per Taschentelefon. Und die Visitenkarte trägt nicht mehr nur Daten, sie hat sich zu einem Accessoire entwickelt, manchmal ist sie schon Statussymbol.

Noch vor einigen Jahrzehnten wurden alle Drucksachen in Druckereien angefertigt. Es waren handwerkliche Arbeiten, deren Entwurf, Satz und Herstellung in den Händen von Fachleuten lagen. Nicht alles gelang, aber stets ließ sich eine Werkstatt finden, in der gut gearbeitet wurde.

Mit dem Aufschwung der Copyshops entglitt schon in den 1970er Jahren den Spezialisten ein Teil der Herstellung vor allem privater Drucksachen. Und als dreißig Jahre später in jedem Büro und fast jedem Haushalt Computer und Drucker standen und sich große Druckereien Portale im Internet für die Vervielfältigung jeglicher Vorlagen zulegten, gerieten auch die letzten kleinen Druckereien in Gefahr.

Durch diesen Wandel wurden die Prüfsteine und Gütezeichen für Drucksachen schwer zugänglich. Fachleute führen das Gespräch darüber unter sich, wenn ihre Kunden sich nicht mehr mit ihnen über Entwürfe und Schrift unterhalten. Jeder kann selbst auf dem Computer Schriften aussuchen und ordnen, ohne in Worte zu fassen, worauf diese Entscheidungen gründen. Dabei wäre es durchaus nützlich und würde vieles verbessern, wenn die Kriterien für schöne Schriften und gute Entwürfe wieder mehr Aufmerksamkeit fänden. Feuilletons und Stilkolumnisten haben dieses Feld bislang übersehen. Allenfalls die Buchkunst findet hier und da ein Aufmerksamkeitszipfelchen. Dem Wort »Kunstgewerbe« dagegen wurde der Stempel von Geschmacksverirrung aufgedrückt.

Wenn Sie Ihre Visitenkarte aus einer großen Druckerei nach Ihrer eigenen Vorlage erhalten haben, stellt das Ergebnis Sie zufrieden? Ist es die bestmögliche Karte, die Sie sich denken können, oder sind Sie unsicher? Immerhin vertritt diese Karte Sie nach außen, sie leistet diplomatische Dienste. Sie wandert in fremde Brieftaschen und muß für Sie einstehen, wenn Sie mit Ihrem Charme und Ihrer Überzeugungskraft längst nach Hause gegangen sind. Und die Visitenkarte übt auf Sie selbst Einfluß aus. Dieses Stück Papier mit Ihrem Namen kann Ihnen Rückhalt geben und Ihre Selbstsicherheit stärken. Deshalb sollte diese Karte gut gearbeitet sein.

Auch die Einladung zur Hochzeit, die Geburtsanzeige und die Todesanzeige sowie die Danksagungen zu diesen Anlässen verdienen es, handwerklich schön gemacht zu werden.

Wie diese Drucksachen aussehen sollten, darüber spreche ich in diesem Buch: Wie gelangt man zu guten Entwürfen, zu richtigen Entscheidungen über Schrift, Farbe und Papier.

Wer sich entschließt, eine Drucksache mit den Entwürfen komplett anfertigen zu lassen, den führt der Weg heute kaum noch in eine Druckerei. Die Berufe im grafischen Gewerbe haben sich in kurzer Zeit sehr verändert. Heute geht man nicht zum Schriftsetzer oder Drucker, sondern zu einem Grafikdesigner, Mediengestalter oder Kommunikationsdesigner. Diese Berufe werden an Fach- und Hochschulen unterrichtet, gute Autodidakten gibt es aber auch.

Ich muß zugeben, daß ich mit der Bezeichnung »Designer« nicht warm geworden bin. Sie scheint etwas groß geraten für den Entwurf einer Visitenkarte, den früher der Schriftsetzer als alltägliche Handwerksarbeit ausgeführt hat. Designer sind in meinen Augen eher die Nachfolger der Gebrauchsgrafiker, die im 20. Jahrhundert nur selten kleine Drucksachen entworfen haben, sondern vor allem Reklame, Buchumschläge, Plakate und dergleichen. Trennscharf definiert ist diese Bezeichnung nicht, ebensowenig wie jene des Typografen, der als Schriftsetzer und Drucker, als Schriftentwerfer, Schriftschneider und Schriftgießer, als Editor, Vortragsreisender, Verleger und Akademiker in Erscheinung tritt.

Klare Definitionen dieser Berufsbilder sind kaum möglich, ich bin sogar unsicher, wie ich mich selbst nennen soll, da ich in meiner kleinen handwerklichen Druckerei alle Tätigkeiten ausführe: vom Entwurf am Computer über den Satz mit bleiernen Lettern bis zum Druck auf Maschinen. Wenn ich in diesem Buch die verschiedenen Begriffe verwende, Designer, Typograf, Grafiker, meine ich damit jene Personen, die Drucksachen entwerfen und setzen.

Nun fällt es dem Unkundigen naturgemäß schwer, deren Arbeit zu beurteilen. Ich glaube allerdings, man kann sich teilweise auf sein Gefühl verlassen. Geschmack und Stilbewußtsein bilden sich durch Anschauung. Gute Bücher, Kunst, Architektur, die Einrichtung der Wohnung schulen unseren Geschmack ganz allgemein. Wer diesen Dingen seine Aufmerksamkeit schenkt, dem werden mangelhafte Drucksachen eher unangenehm auffallen als jemandem, der den »guten Geschmack« für eine überholte Ansicht hält und nimmt, was ihm gerade von der Mode vorgesetzt wird oder die Laune eingibt.

Ganz ersetzen läßt sich Kundigkeit durch allgemeine Erfahrung aber nicht. Dieses Buch soll zeigen, wie Typografen arbeiten, was sie in Schriften sehen, wie sie mit Schriften umgehen und darüber sprechen. Wer einige ihrer Fachbegriffe zur Benennung von Schrifttypen, Satzarten, Papiersorten kennt, versteht Typografen nicht nur besser, sondern kann auch seine Wünsche leichter mitteilen.

Experimentelle und modische Typografie werden hier nicht besprochen, das würde den Rahmen solch einer Handreichung sprengen. Und Moden gehen zu schnell vorüber, um sie in einem Buch wie diesem festhalten zu wollen. Ich spreche lieber über das traditionelle Handwerk der Entwurfsarbeit und zeige an Beispielen, wie Entwerfer durch die Formgebung ihren Blick für das typografische Bild von der Gesamterscheinung bis ins Detail üben und zu guten Arbeiten gelangen.

Wenn dieses Buch es vermag, nicht nur das Gespräch mit Fachleuten zu erleichtern, sondern auch als praktische Anleitung für eigene Versuche zu dienen, und die Beispiele und Modelle übernommen werden, ist dies durchaus erwünscht.

Wir sehen sie in den Städten als Reklame und zur Verkehrsinformation, sie nennt unseren Namen an der Eingangstür, wir schließen mit ihr Verträge, bekommen sie in Rechnungen, füllen mit ihr Formulare aus, tippen sie in Mobiltelefone und auf Computertastaturen. Manchmal wird auch noch eine Postkarte oder ein Einkaufszettel von Hand geschrieben.

Ist es nicht erstaunlich, wie wenig wir Benutzer von Schrift uns über das Aussehen dieser Zeichen unterhalten? Was wissen wir eigentlich von diesen Typen, wie unterscheiden wir sie, warum gefallen uns manche mehr, andere weniger?

Die meisten Kunden meiner Druckerei verstehen wenig von Druckschriften, können aber ihre Vorlieben für die gewünschte Drucksache bezeichnen. Häufig wird zwischen »verschnörkelt« und »sachlich« unterschieden, und mit sachlichen Schriften sind meistens die Serifenlosen gemeint, im Gegensatz zu Schreibschriften. (Den Serifenlosen fehlen wie hier die Köpfchen und Füßchen an den Enden ihrer Striche.)

Oft aber werden Schriften Ausstrahlungen zugeschrieben, die sie nur aus subjektiver Sicht haben können und die darum wenig taugen. Beispielsweise wird eine Englische Schreibschrift manchmal als weiblich angesehen.

So sieht eine
Englische Schreibschrift aus, auch
Anglaise genannt.

Führt man sich vor Augen, welchen Geschlechts diejenigen waren, die im 17. und 18. Jahrhundert die Geschäftskorrespondenz führten, wird deutlich, daß es keine Schriften mit weiblicher Tradition gibt. Frauen schrieben erst sehr lange gar nicht, und als sie schrieben, fügten sie sich in die Konventionen. Unzählige Schnörkel wurden mit spitzen Federn von Männern in langen Gewändern für Männer mit Kronen auf dem Kopf gezeichnet. Nur wer Frauen als natürliche Anhänger des Verschnörkelten, Zierhaften ansieht, wird Schriften in weibliche und männliche unterteilen können.

Schriften zeigen durchaus unterschiedliche Charaktere. Wir kommen gleich darauf zurück, denn bevor sich ein Typograf für eine Schrift entscheidet, befaßt er sich mit einer größeren Ordnung: Er fragt nach dem Format für eine Drucksache, nach ihrem Typ und natürlich vor allem nach ihrem Zweck. Soll sie feierlich aussehen oder rasch informieren, soll sie heiter, verführerisch, nüchtern oder gar traurig stimmen? Die Ausstrahlung jeder Schrift wird durch die Typografie, also durch die Anordnung der Zeilen und die Farben von Schrift und Papier, stark mitbestimmt. Was Schwarz auf Weiß gelassen wirkt, sieht in Grün auf Rot vielleicht angriffslustig aus.

Vor dem Setzen der Schrift steht also ein Plan, über den strategisch nachgedacht wird. Diese Herangehensweise ist funktional begründet: Die Stellung von Schrift auf einer Fläche spricht eine deutlichere Sprache als der Schrifttyp selbst. Wir erkennen oft schon von weitem, wenn wir die Schrift noch gar nicht lesen können, ob es sich bei einem Blatt Papier um ein amtliches Schreiben handelt, um Reklame oder einen privaten Brief.

Bevor man sich an den Schriftsatz macht, wird die Aufteilung der Fläche geplant. Typografen denken beim Entwurf an Begriffe wie Rhythmus, Spannung und Akzentuierung. Eine Auswahl von Schriften haben sie dabei schon vor Augen. So wie man für Gartenarbeit keinen Smoking anzieht, wird man für die Geschäftskarte einer Autowerkstatt keine mit der Feder dahingeschnörkelte Schreibschrift einsetzen, es sei denn, dort werden Oldtimer repariert.

Auch praktische Aspekte beeinflussen die Auswahl der Schrift. Manche Zeichen sind in kleinen Größen nicht zu erkennen oder wirken unsauber. Eine Schrift wie die abgebildete Chevalier braucht eine gewisse Größe, damit die feine Schraffur in den dicken Linien nicht zu einem Grauton zusammenläuft.

Andere Schriften sind eigens für große Anwendung so zart gezeichnet, daß ihre feinsten Linien in zu kleinen Graden nahezu unsichtbar werden. Die Schrift sei »verhungert«, sagt der Typograf, wenn er beispielsweise die Prillwitz Display in winziger Größe sieht.

CHEVALIER	Prillwitz
CHEVALIER	Prillwitz Display

Typografen verwenden unterschiedliche Systeme, mit denen sie Schriften nach ihrer Herkunft oder ihrer Form klassifizieren. Über Schriftklassifikation kann man sich im Internet und natürlich anhand der Fachliteratur einen Überblick verschaffen, weshalb ich darauf nur im Kapitel über Visitenkarten ein wenig eingehen werde.

Schwieriger als die Klassifikation von Schriften ist die Beurteilung ihrer Qualität. Wie unterscheiden Fachleute gute von schlechten Schriften?

Lesbarkeit ist nur eine Voraussetzung für jede Druckschrift. So wie man sich mit einem Sack durchaus bekleiden kann, ohne diesen für ein schönes Kleidungsstück zu halten.

Worin aber zeigt sich die Schönheit einer Schrift? Schönheit wird nicht allein mit dem Verstand erfaßt, sondern auch sinnlich und aus der Erfahrung des Sehens. Wer Schrift beurteilt, schaut viele gute Schriften an und vergleicht. Mit der Übung wächst das Gefühl für Schriftkunst. Doch ich will versuchen zu erklären, worauf der Typograf schaut.

Wenn wir die kalligrafischen Schriften, bei denen es auf die Lesbarkeit weniger ankommt als auf ihre Zierhaftigkeit, einmal unberücksichtigt lassen und von Druckschriften für Texte sprechen, dann soll eine schöne Schrift nicht nur lesbar sein, sondern sie soll sich leicht lesen lassen, also schnell, störungsfrei und ohne die Augen zu ermüden.

Damit sie schnell und störungsfrei gelesen werden kann, bilden alle ihre Teile ein harmonisches Ganzes, das die gewohnten Wortbilder erzeugt. Sobald ein Buchstabe zu hell oder zu dunkel ist, zu hoch oder zu tief steht oder eine auffällige Figur zeigt, die den Blick am Fortgleiten hindert, ist die Schrift schlecht.

Gute Schrift ist also im Gebrauch unauffällig, so wie das gute Möbelstück, das gute Eßbesteck, der gute Anzug.

Für unangestrengtes Lesen soll die Schönheit der Schrift sorgen. Ihre senkrechten Grundstriche, die feineren waagerechten Linien, die an- und abschwellenden Bögen, die geraden und gewellten Züge, die weißen Binnenformen sowie die Proportionen, die Abstände zwischen den Buchstaben und den Wörtern bilden eine Komposition, die Rhythmus, Harmonie und federnde Spannung erzeugt und das Lesen leicht werden läßt. Zugegeben, das klingt abstrakt.

Leichter fällt es, sich verschiedene Arbeiten eines Typografen zeigen zu lassen und danach eine Auswahl zu treffen. Allerdings wird hier schon sichtbar, wie Satz und Typografie eine Schrift beeinflussen. Jede einzelne Schrift hat nicht nur ein Gesicht.

Lauschen wir einem Gespräch in meiner Werkstatt:

Kundin: Ich habe noch keine rechte Vorstellung, wie ich mir meine Visitenkarte wünsche. Vielleicht können Sie mir ein Musterbuch zeigen? Eine Übersicht?

Drucker: Ich zeige Ihnen eine Auswahl fertiger Arbeiten. *(Fächert zwei Dutzend Visitenkarten auf.)*

Kundin (schaut, nimmt Karten auf, legt sie ab, überlegt): Ich sage Ihnen, was mir gefällt. Diese hier ist schön. Wie heißt die Schrift?

Drucker: Das ist die Garamond. Ein Klassiker aus der Zeit der französischen Renaissance.

Kundin: Ach, so etwas altes. Ich finde auch diese sehr schön. Welche ist es?

Drucker: Die Garamond.

Kundin: Auch?

Drucker: Die erste in einem mageren Schnitt in Versalien, also Großbuchstaben, die zweite mit Kleinbuchstaben in kursiv, also eher eine Art Schreibschrift, deshalb der wesentliche Unterschied, aber beides Garamond.

Kundin: Und das hier?

Drucker: Garamond, exakt gesetzt wie die erste, aber statt Schwarz auf Weiß in Blau auf Chamois, dazu einen Grad kleiner und weiter spationiert, also mit größeren Abständen zwischen den Buchstaben.

Kundin: Hm. Das überrascht mich. Moment, ich schaue mal weiter. Die hier gefällt mir auch ausnehmend gut. Sie ist so ungewöhnlich. Das ist wirklich hübsch.

Drucker: Ja, diese kursiven Versalien sind recht eigenwillig durch ihre unterschiedlichen Schrägstellungen. Es ist wieder die Garamond. Die Unterschiede dieser mit der Garamond bedruckten Karten entstehen durch ihre Anwendung, ihre Rhythmisierung und ihre Farbe im Zusammenspiel mit dem Papier. Der Schriftkünstler und Typograf Günter Gerhard Lange sagte: »Schrift ohne Anwendung ist wie eine Blume ohne Duft.« Man kann eine einzelne Schrift auf viele Arten wirken lassen.

Schon das Erkennen einer Schrift ist Laien also unmöglich. Wie sollten sie eine Schrift beurteilen können? Allein die Garamond ist übrigens ein Kapitel für sich, denn es gibt ihrer etliche, die alle mehr oder weniger auf Urformen zurückgehen, deren Entstehungsgeschichten selbst schwer zu durchschauen sind.

Auch wenn wir es dem Typografen überlassen, eine geeignete Type zu finden oder ein kleines Portfolio guter Schriften zur Auswahl zusammenzustellen, können wir durch Vergleiche einzelner Schriftzeichen nachvollziehen, wie die Schönheit von Buchstaben entsteht. Der berühmte englische Kalligrafie-Lehrer Edward Johnston (1872–1944) faßte die Anforderungen einer guten Schrift so zusammen:

1. zeige sie keine überflüssigen Striche. Überflüssige Striche wären Verzierungen, die der Buchstabe nicht braucht. Beispielsweise ein doppelter Querstrich im »A«.

2. seien die unterscheidenden Kennzeichen der Buchstaben deutlich ausgeprägt. Jeder Buchstabe hat seine eigene, in der Konvention von Jahrhunderten erstarrte Grundform. Weicht man von ihr ab, zeichnet zum Beispiel das »H« schmaler als üblich, stört das beim Lesen.

3. trete kein Glied eines Buchstaben unberechtigt vor oder zurück. Einzelne Linien eines Buchstaben dürfen nicht dicker oder länger, schräger oder steiler als üblich gezeichnet sein.

Claude Debussy

42, RUE DE LONDRES
75008 PARIS

EDVARD GRIEG

Troldhaugveien 65
5232 Paradis-Bergen
Phone 1843.1907

JEAN SIBELIUS
Dirigent
Ainola
Ainolantie
04400 Järvenpää
Tel. 09-287 322

Alles Garamond
Claude Debussy:
Name aus kursiver Schrift, Adresse aus gewöhnlichen Versalien
Edvard Grieg:
Name aus kursiven Versalien, Adresse aus gewöhnlicher Schrift
Jean Sibelius:
Name aus gewöhnlichen Versalien, Beruf aus kursiver, Adresse aus gewöhnlicher Type

4. bilde jeder Buchstabe ein einheitliches organisches Ganzes und nicht nur eine Ansammlung einzelner Teile. Jeder Buchstabe muß wie aus einem Guß gezeichnet sein.

5. stünden die zueinander gehörigen Glieder gleichmäßig miteinander in Einklang. Die Kunst der proportional richtigen Zeichnung ist gemeint.

Schauen wir uns einige Buchstaben an, die allesamt aus Schriften kommen, die Garamond heißen, aber unterschiedlich gemacht sind:

RR

Die Form des linken »R« ist nicht harmonisch gezeichnet. Das Bein stützt den zu großen Kopf nur ungenügend ab. Dieses Bein ist mit dem Lineal gezogen, das Bein des rechten »R« leicht geschwungen.

ll

Der zu zierliche Kopf des linken »l« mündet in einen mit dem Lineal gezeichneten Stamm und endet in einem zu schlanken Fuß. Der Grundstrich des rechten ist etwas durchgebogen. Die lebendigere Form entsteht beim Schreiben mit der Breitfeder durch Nachlassen des Druckes vom Kopf hin zur Mitte und erneutes Verstärken hin zum Fuß.

pp

Die Unterlänge, der Stamm, des linken kleinen »p« ist zu kurz geraten, die Rundung zu groß. Der Bogen des rechten Buchstaben schließt aus der Schreibbewegung an den Stamm an, während im linken die Feder übermäßig gedreht werden müßte, um so zart anzuschließen.

Bevor Typografen eine neue Schrift in ihr Repertoire aufnehmen, prüfen sie die Form sorgfältig. Sie schauen sich die einzelnen Buchstaben in Vergrößerungen an, sie setzen aber auch Texte zur Probe, um sich mit ihren Einsatzmöglichkeiten vertraut zu machen.

Heute ist die Schriftauswahl riesig. In den kleinen Druckereien, die früher Drucksachen für den täglichen Bedarf herstellten (Akzidenzen genannt, Gelegenheitsdrucksachen, von lat. *accidit* – es kommt vor) und von denen es in der zweiten Hälfte des 20. Jahrhunderts in jedem Stadtviertel mehrere gab, war die Schriftauswahl bescheiden. Die Druckereibesitzer kamen mit einer Handvoll Grundschriften und zwei Handvoll Zierschriften aus. Damit bewältigten sie über Jahrzehnte das ganze Programm: Visitenkarten, Briefpapier, Einladungen, Reklamezettel, Rechnungen, Familienanzeigen, Speisekarten. Damit es nicht langweilig aussah, mußten sie ihre Schriften geschickt einsetzen und mit Schmuckzeichen, Linien, Rahmen, mit Papier und Farbe für Vielfalt sorgen.

Es gibt noch heute Typografen, die halten diese Beschränkung für eine gute Voraussetzung typografisch interessanter Arbeiten. Eine Schrift auszutauschen, das ist keine Kunst. Aber mit einer mageren und einer kursiven Garamond unterschiedliche Wirkungen zu erzeugen, diese Beschränkung der Mittel zeigt den Meister, der seine Werkzeuge so gut handhabt, daß er immer wieder neue Schriftbilder damit hervorbringen kann.

Heute sind die digitalen Schriften allerdings so leicht zu erlangen, daß ein Typograf sich nicht mehr einschränken muß und im Laufe seines Berufslebens die Auswahl sacht erweitert. Nun kann er zumindest so viele Schriften verwenden, wie sie früher nur den großen Setzereien zur Verfügung standen.

Schon weil es so schöne Schriften gibt, verwendet er nicht nur eine oder zwei von ihnen, sondern sogar mehrere einander recht ähnliche. Wie lassen sie sich auseinanderhalten?

Die groben Unterscheidungen, beispielsweise zwischen einer **Serifenlosen** (ohne Füßchen) und einer **Serifenbetonten** (mit kräftigen Schuhen), sieht jeder. Wir kommen darauf zurück, wenn wir über einzelne Drucksachen sprechen. Ich möchte Ihnen zuvor die feinen Unterschiede zeigen, auf die Sie wahrscheinlich noch nie geachtet haben.

Nehmen wir einmal die Renaissance-Antiqua. Aus diesem Schriftstil sind auch in unserer Zeit die meisten Romane gesetzt. Und auch dieses Buch. Sie lesen hier die Schrift »Arno« des Amerikaners Robert Slimbach, die er 2007 schuf.

Im Jahre 1990 hat Robert Slimbach die Schrift »Minion« gezeichnet. Aus ihr wurden dieser und die folgenden Absätze gesetzt. Der Unterschied ist für Laien auf den ersten Blick kaum zu erkennen, dennoch ist er vorhanden. Aber selbst ein Fachmann muß entweder mit beiden Schriften vertraut sein, um sie auseinanderzuhalten, oder er sucht mit der Lupe nach markanten Punkten.

In vergrößerten Darstellungen sind die feinen Unterschiede besser sichtbar: Der Querstrich vom »e« steht in der Arno rechts etwas über. Die Serifen (Endstriche) von »s« und »S« sind in der Arno nach innen, in der Minion nach außen gezogen. Der Bogen des »r« endet in der Arno gerade, in der Minion tropfenförmig.

Diese Schrift heißt Arno.
Diese Schrift heißt Minion.

Die Passage aus der Minion, die Sie gerade lesen, wirkt in der Fläche geringfügig heller als die aus Arno gesetzten Seiten. Wenn Sie hin- und herblättern und genau hinschauen, können Sie es vielleicht sehen. Zudem zeigt sie bei gleichem Durchschuß (Zeilenabstand) ein dichteres Bild. Es ist weniger Luft zwischen den Zeilen. Sie scheint trotzdem heller und auch schärfer zu sein, akzentuierter, härter als die Arno. Beide Schriften sind zwar gleich gut zu lesen, aber sie unterscheiden sich in der Gefühlslage.

Die Mittellänge der Arno, also die Höhe eines Kleinbuchstaben ohne Ober- und Unterlängen, deshalb auch x-Höhe genannt, ist geringer als jene der Minion. Deshalb wirkt derselbe Zeilenabstand der Minion kleiner als jener der Arno.

Vorn mit glattem Umriß Minion; dahinter Arno mit gestrichelter Kontur

Die Buchstaben der Arno sind enger, also die weißen Innenräume (Punzen) kleiner als die der Minion. Niedrigere x-Höhe und engere Punzen lassen die Arno gedrungener aussehen als die Minion und darum in der Fläche dunkler.

Die Arno ist in den Details zierlicher, man sieht es zum Beispiel am »Ohr« oder »Fähnchen« genannten kleinen Haken rechts oben am g. Die Füße der Arno sind unten gekehlt, haben also kleine Bögen, die der Minion sind gerade gezeichnet. Diese Details lassen die Arno weicher und lieblicher und die Minion strenger und kühler wirken.

Beide Schriften zeigen unterschiedliche Strichstärken. Aber der Kontrast zwischen dicken und dünnen Linien ist in der Minion etwas größer, am y kann man es erkennen: Der nach unten geführte Grundstrich ist bei beiden etwa gleich, doch der nach oben geführte Aufstrich rechts im y ist bei der Minion feiner als bei der Arno. Dieser Kontrast führt zum Eindruck einer schärferen, stärker akzentuierten Schrift.

Hergeleitet sind beide Schriften von historischen Vorbildern. Die Arno erinnert an die ältere, venezianische Renaissance-Antiqua, die Minion an die jüngere französische. Robert Slimbach hat schon in den Namen seiner beiden Schriften einen Hinweis gegeben. Die Arno ist nach dem Fluß durch Florenz benannt, der Minion gab er ihren Namen nach einem kleinen französischen Schriftgrad: Mignone.

Und so gibt es in jeder Schrift viele Details, die ihr Charakter und Duktus verleihen und anhand derer der Typograf über ihre Verwendung nachdenkt.

Sie können sich nun sicherlich besser vorstellen, wie genau Typografen Schrift anschauen müssen, um diese Feinheiten zu erkennen.

Hier endet der aus Minion gesetzte Abschnitt.

Ein Teil jener Schriften, die zu Computerprogrammen gehören, ist für viele Anlässe ungeeignet. Typografen arbeiten kaum mit Arial und selten mit der Zeitungsschrift Times New Roman. Die Schriftenanbieter (genannt *Foundries,* engl. für Schriftgießerei) bieten mehrere Zehntausend lateinische Schriften (Fonts) an. Typografen haben zwar mehrere Hundert Fonts in ihren Computern, aber die Zahl ihrer Favoriten halten sie überschaubar. Für den Werksatz, also Bücher, Zeitungen und Magazine, gibt es keine so riesige Zahl guter Schriften.

Zu einer guten Schrift gehört nicht nur ihre meisterliche Zeichnung, sondern auch ihre Ausstattung. Zum Beispiel muß sie mehr Zeichen enthalten als nur die beiden Alphabete aus kleinen und großen Buchstaben mit den Satzzeichen. Gute Schriften haben einen großen Glyphenumfang. Glyphe ist der Fachbegriff für die grafische Darstellung eines Schriftzeichens. Dazu zählen neben Zeichen für den fremdsprachigen Satz auch Zeichenvarianten.

Gerade für Akzidenzen, also die Kleindrucksachen, sollten Schriften beispielsweise über unterschiedlich gezeichnete Ziffern verfügen. Sie sollten also nicht nur die sogenannten Versalziffern enthalten (alle so hoch wie Großbuchstaben), sondern auch die sogenannten Minuskel- oder Mediävalziffern (die wie Kleinbuchstaben gezeichnet und deshalb verschieden hoch sind und Ober- und Unterlängen haben). Und beide Varianten sollten für Tabellen mit gleicher Dickte (Breite der Figur inklusive Vor- und Nachbreite) und mit der nur für ihre eigene Figur passenden Dickte verfügbar sein:

1234567890 Versalziffern für Tabellen (alle gleich breit)
1234567890 Proportionale Versalziffern (verschieden breit)
1234567890 Minuskelziffern für Tabellen
1234567890 Proportionale Minuskelziffern

Die Minuskelziffern mit ihren kleineren Figuren und unterschiedlichen Höhen fügen sich harmonisch in Textzeilen ein. Versalziffern können in Formularen passender aussehen.

Umfangreich ausgestattete Schriften verfügen über Ligaturen. Das sind Verschmelzungen, in welchen Buchstaben, die ungünstig aneinanderstoßen würden, verbunden werden, zum Beispiel in dem Wort

Offizin (statt Offizin).

Manchen Schriften sind schmückende Ligaturen und Zierbuchstaben beigegeben, die im fortlaufenden Text störend wirken, in großer Schrift – *sparsamer eingesetzt als hier* – aber recht hübsch sein können.

Reich ausgebaute Schriften enthalten Kapitälchen. Diese Großbuchstaben sind nur etwas höher als die Kleinbuchstaben. Bevor mit Computern gesetzt wurde, im Bleisatz, waren Kapitälchen ein rares Gut, und man hat oft mangels eigener Kapitälchenschriften die Großbuchstaben aus einem kleineren Schriftgrad verwendet. Ein gewissenhafter Handwerker tat das mit Bauchschmerzen, denn diese kleineren Versalien (Großbuchstaben) sind nicht nur kleiner, sondern auch feiner gezeichnet. Dadurch wirken die großen Versalien zu fett.

Auch in Computerprogrammen wird durch die Einstellung des Kapitälchensatzes nur eine kleinere Größe verwendet, wenn die Schrift nicht über echte Kapitälchen verfügt.

Das Sind Falsche Kapitälchen
Und So Sehen Echte Kapitälchen Aus

Gute Schriften werden für ein gleichmäßiges Schriftbild »zugerichtet«. Wenn der Typograf von Zurichtung spricht, meint er damit den Abstand der Buchstaben zueinander. Buchstaben bestehen nicht nur aus den schwarzen Linien und den Innenräumen, sondern auch aus dem sie umgebenden weißen Raum, der Vor- und Nachbreite. Beispielsweise hat ein großes N rechts und links zwei gerade Linien, das T dagegen viel Platz unter seinen Armen.

In guten digitalen Schriften sind viele Buchstabenpaare hinsichtlich ihres Zwischenraumes eigens definiert. Das kleine »e« rutscht ein wenig an das »T« heran, das »b« mit seiner Oberlänge tut das nicht, damit es nicht mit dem »T«

zusammenstößt. Man bezeichnet diese Programmierung von Buchstabenkombinationen mit dem englischen Fachbegriff *Kerning*. Schriften, die nicht auf diese Weise bearbeitet wurden, lassen sich kaum vernünftig gebrauchen, weil man zuviel nachbessern müßte.

In der ersten der beiden folgenden Testzeilen sieht man die gut zugerichtete Schrift mit Kerning für schwierige Kombinationen. Die zweite Zeile zeigt die unschönen Lücken nach den problematischen Großbuchstaben, wenn man das Kerning abschaltet:

Test Wams *Vesuv* Aversion *Yacht*
Test Wams *Vesuv* Aversion *Yacht*

Und so gibt es noch eine ganze Reihe weiterer technischer Spezifikationen für Druckschriften, die der Typograf bedenkt. Einen großen Teil zum guten Textbild trägt er mit seiner Arbeit selbst bei, wenn er diese Details im Blick behält.

Nachteile einer auf den ersten Blick geeigneten Schrift werden oft erst sichtbar, wenn der Text tatsächlich gesetzt ist. Manchmal erweisen sich Eigenschaften der ausgewählten Schrift als unvorteilhaft, weil sie ein gänzlich anderes als das aus der Musteransicht erwartete Bild geben.

Gefällt einem beispielsweise die Schrift auf einem Briefbogen eines Menschen namens

ALEXANDRA KLETT-THIEK

und möchte man den eigenen Namen so gesetzt haben, der

URS ROSBUD

lautet, so wird sich in derselben Schrifttype (hier ist es die Bell) ein anderes Bild ergeben müssen, weil die Buchstaben ersteren

Namens überwiegend spitze Winkel und enge eckige Innenräume zeigen, weshalb sie auch nicht so weit gesperrt werden müssen (»sperren« bedeutet, die Abstände zwischen den Buchstaben zu vergrößern). Zudem ist der zweite Name wesentlich kürzer, alle seine Buchstaben haben Rundungen und zum Teil große rundliche Innenräume. Sie werden für ein harmonisches Bild mit weiteren Abständen gesetzt, damit diese Innenräume nicht sehr viel größer wirken als die Abstände zwischen den Typen selbst.

Der Setzer betrachtet die Schrift als Rohstoff. Für ein gutes Satzbild prüft und justiert er ihre Laufweite (Buchstabenabstände). Klein gesetzte Texte benötigen etwas mehr Luft zwischen den einzelnen Typen als größere, die enger stehen können. Wortzwischenräume und Durchschuß (Abstand der Zeilen) müssen fein abgestimmt werden. Schriften mit breiten Buchstaben brauchen breitere Wortabstände und größeren Durchschuß als schmale Schriften.

Eine Schrift wird auch nach ihrer Eignung für die zu setzenden Größen beurteilt. Heute sind noch zu wenige Schriften für unterschiedliche Größen mit mehreren Schnitten ausgestattet. Kleine Schriften bedürfen nämlich dickerer Linien, höherer Mittellängen und größerer Punzen (zum Beispiel die weiße Fläche im Kopf des »e«). Wie zuvor schon an der »verhungerten« Schrift Prillwitz gezeigt.

An einem Beispiel in der Satzschrift dieses Buches sind die Unterschiede gut zu erkennen. Stellt man zwei gleiche Wörter in verschiedenen Schnitten der Arno dar, wird die unterschiedliche Bearbeitung durch den Schriftentwerfer deutlich. Der Display-Schnitt ist für kleine Anwendung zu fein und zu eng gezeichnet und »verhungert«, der gewöhnliche wirkt in großen Anwendungen etwas klobig:

Schriftbeurteilung in Arno regular

Schriftbeurteilung in Arno Display

Schriftbeurteilung Arno regular

Schriftbeurteilung Arno Display

Der Schnitt »regular« ist also für Texte in Büchern gedacht, der Display-Schnitt kann für Überschriften verwendet werden. Für noch größere Anordnungen, beispielsweise auf Plakaten, gibt es einen weiteren, noch feineren Schnitt.

Der Typograf wird beim Satz einer Akzidenz die Schrift hinsichtlich ihrer leichten Erfaßbarkeit bis zu einzelnen Buchstaben prüfen. Das ist vor allem in Kursivschriften und bei Zierbuchstaben nötig, deren ausladende Ober- und Unterlängen ungünstig ineinandergreifen können.

Die Schreibschrift Zapfino beispielsweise mit ihren zahlreichen Sonderzeichen muß sorgfältig gesetzt werden, damit sich Ober- und Unterlängen nicht ineinander verhaken. Das folgende Schriftbild hätte vor allem den Schriftkünstler Hermann Zapf selbst verzweifeln lassen, denn so kann er sich die Anwendung seiner Schrift Zapfino allenfalls in Alpträumen vorgestellt haben:

hysterische
Typografie

Der Schriftsetzer wird dieses Gewimmel vermeiden und die beiden Zeilen klarer darstellen:

unhysterische
Typografie

Sofern er seinem Auftraggeber von dieser Schrift nicht abrät und lieber einen Kalligrafen beauftragt. Denn übermäßig zierhafte Schreibschriften für den Satz sind von zweifelhafter Güte, weil man auf diese Weise einen mit der Feder oder dem Pinsel geschriebenen Schriftzug nur imitiert. Zwar sind vielen Schreibschriften zusätzliche Buchstaben zum Austausch beigegeben, die man in Satzprogrammen sogar automatisch variieren lassen kann. Aber die beim Schreiben aus der Hand des Kalligrafen entstehenden Variationen vor allem von Buchstabenverbindungen sowie unbeabsichtigte kleine Abweichungen lassen sich nicht maschinell erzeugen. Eine gesetzte Schreibschrift wirkt oft etwas bemüht.

In manchen Schriften können einzelne Buchstaben zu Lesefehlern führen: *Ein Bauwerk aus den Steinen hauen.* Wirklich? Aus den Steinen bauen oder aus dem Stein hauen, man wird zweimal hinschauen, weil sich in manchen Kursiven wie im gezeigten Beispiel aus der Caslon der rechte Bogen des h nach innen einrollt. In Akzidenzen kann das bei fremdsprachigen Namen zu Unklarheiten führen. Einigen Schriften sind alternative Zeichen beigegeben, um solche Probleme zu umgehen.

Es gibt Schriften, in denen sich die 3 und die 5 nicht so gut unterscheiden lassen wie in der hier verwendeten Satzschrift.

Die Zahl 6973581 aus der Schrift Walbaum ist nicht klar genug für eine Telefonnummer oder Bankverbindung, die überdies oft in kleinerem Grad als hier gesetzt werden.

So dicht und wahrscheinlich auch angestrengt werden wir dem Typografen in den folgenden Kapiteln nicht mehr über die Schulter schauen. Um Schriften zu erkennen und mit ihnen zu arbeiten, benötigt ein Typograf fundierte Kenntnisse, ästhetische und technische. Jede Arbeit stellt ihn vor neue Probleme, die zu lösen ihm natürlich auch Vergnügen bereitet. Es wird in den Kapiteln über einzelne Drucksachen auch immer wieder um Fragen der Schrift gehen.

Schwarz

Weiß

Blaß

Wie wichtig Farben für uns sind, zeigt die Sprache. Wir sind vom Kolorit der Bilder, die uns umgeben, so beeindruckt, daß wir es auf anderes übertragen, ohne es sonderlich zu beachten, wenn wir nicht nur Dinge, sondern auch Umstände mit Namen von Farben beschreiben. Wenn etwas wirklichkeitsnah, lebendig oder besonders anschaulich dargestellt wird, nennen wir diese Darstellung ganz allgemein »farbig«. Die Natur mit ihren Erscheinungen, die Erde mit allem, was darauf wächst und sie umgibt, uns selbst und das, was wir hervorbringen, bezeichnen wir meistens, indem wir zuerst auf die Farben und erst dann auf die Form Bezug nehmen.

Schauen wir uns ins Gesicht, wissen wir durch die Farbe, ob wir gesund und gewissermaßen »richtig« aussehen: Farblosigkeit, Bleiche, ist ein Zeichen für einen ungesunden Zustand. Was wir in den Mund stecken, muß die rechte Farbe haben, damit es uns schmeckt; ein Ding in der Farbe Cyan kann allenfalls Naschwerk sein, kein notwendiges Nahrungsmittel. Unsere Gemütsverfassung beschreiben wir mit Farbe. Wenn wir unglücklich sind, sehen wir die Welt in düsteren Schatten. Lacht uns das Herz, erscheint ein Regentag bunt. Auch was wir hören, seien es Geräusche, Stimmen oder Musik, versuchen wir farblich zu definieren: hell und dunkel, grell und verschwommen.

Es gibt nichts ohne Farbe, nicht einmal das weiße Papier. Je weißer und scheinbar ferner einer bunten Farbe das Papier ist, desto eher nimmt es die Umgebungsfarbe an, und keine Umgebung ist farblos. Blindprägungen zum Beispiel, also Reliefs im Papier, werfen Schatten, und da wir sie sehen können, müssen sie farbig sein, auch wenn es nur ein zartes Grau ist. Wenn man dem Papier ein kaltes, blendendes Weiß geben will, muß man einen blauen Ton hinzufügen, damit es sich gegen die Umgebungsfarben durchsetzt.

Es gibt also genaugenommen keine Farblosigkeit, aber durchaus Abstufungen von Belebung durch Hinzufügung farblicher Akzente. Eine weiße Glückwunschkarte mit einer blindgeprägten Jubiläumszahl wirkt still. Eine hellgrüne mit gelben, roten, blauen Ornamenten entwickelt Lautstärke. Ein Reklamezettel kann kreischen. Farben übertragen Stimmungen und können Sinneseindrücke verstärken.

Bevor wir uns diesen Eindrücken zuwenden, einige Anmerkungen über die praktischen Belange von Farben.

Das Sprechen über Druckfarben ist besonders schwierig, wenn man sie nicht sieht, also in der Korrespondenz zwischen Auftraggeber und Druckerei oder am Telefon. Dabei können sich beinahe komödiantische Dialoge ergeben.

Ein Telefongespräch zwischen Drucker und Kundin:

»Und grau gedruckt hätte ich die Karten gern.«

»Welches Grau?«

»So mittel.«

»Eher etwas kühl, so Taubenblaugrau?«

»Hm, ich denke an den November.«

»Also hier in Berlin ist das Grau um diese Jahreszeit gelblich. Eher schmutzig. Denken Sie an altes Laub auf Asphalt, an eine orange getönte Wolkendecke. Oder soll es eher ein November an der Küste sein, kühl, bläulich?«

»Giftig soll es nicht sein, eher so ein schönes Grau. Ich schicke Ihnen mal ein Foto von unserem Hund. Ein Weimaraner, herrlich. Das Fell schimmert ein bißchen.«

»Können Sie mir statt des Fotos ein Haar von Ihrem Hund zusenden, möglichst ein dickeres? Denn die Schrift auf Ihren Karten besteht ja nur aus feinen

Linien. Ein Changieren werden wir da nicht hinbekommen, und Ihr Hund changiert vermutlich auch nur, wenn er sich bewegt, oder?«

»Mein Mann ist gerade mit dem Hund draußen. Hm. Oder anthrazit?“

»Das ist als Schriftfarbe bloß ein stumpfes Schwarz. In den feinen Linien der Buchstaben gehen zarte Flächeneindrücke verloren. Und man kann Grau in alle Richtungen mehr oder weniger deutlich tönen, das ganze Spektrum steckt darin. Braunes Grau, blaues Grau, warmes Grau mit einem Hauch Orange, grünes Grau –«

»Jedenfalls zu hell darf es nicht sein.«

»Gewiß nicht, man soll es ja noch gut lesen können. Und wenn es zu hell und kalt wird, sieht es öde aus. Wie eine mißglückte Todesanzeige.«

»Wissen Sie was, drucken Sie schwarz.«

Die am besten leserliche Zusammenstellung von Farben ist schwarze Schrift auf gebrochen weißem, also ganz leicht gelbgrau getöntem Papier. Aber ein gut lesbarer Kontrast kann auch mit bunten Farben hergestellt werden.

Unter dem Begriff »bunt« versteht man im allgemeinen Sprachgebrauch die Kombination mehrerer Farben. Ein Regenbogen wird bunt genannt. Drucker und Designer hingegen meinen mit »Buntfarben« alle Farben außer Schwarz und Weiß. Diese Verwendung des Begriffs kennt man auch vom »Buntstift«. Ein einzelner Buntstift ist nicht »bunt« im Sinne von Mehrfarbigkeit, sondern im Gegensatz zu Schwarz und Weiß. Wenn im folgenden von Buntfarben gesprochen wird, ist also keine reichhaltige Farbzusammenstellung gemeint, sondern Farbe, die nicht Schwarz oder Weiß ist.

Reine Farben wirken meistens grobschlächtig und profan, doch Schrift in gebrochenen dunklen Farben ist angenehm und gut zu lesen. Über die Farbnuancen zu sprechen fällt schwer, weil Farben nie eindeutig sind. Ich erlebe in der Druckerei immer wieder, daß meine Kunden mit einem Druck, beispielsweise einer Einladung, ans Fenster gehen oder sogar hinaus ins Freie treten, um die Farbe bei Tageslicht zu beurteilen. Ist das sinnvoll?

Stellen wir uns vor, wie eine gedruckte Einladung bei einem ihrer Empfänger eintrifft. Herr Buntschuh wohnt in einem Mehrfamilienhaus einer großen Stadt. Er kommt spätabends nach Hause, schaltet das Licht im Hausflur ein und leert den Briefkasten. Im Hausflur wurden Lampen mit einem gelben Licht installiert, es ist nicht besonders hell. Der Empfänger stapft die Treppe hinauf, die Aktentasche hat er unter den Arm geklemmt, und sieht den Poststapel durch. Aus der geschäftlichen Post im langen Normformat ragt ein privater Brief hervor.

Herr Buntschuh freut sich, reißt mit dem Daumen das Kuvert auf und zieht die Einladung heraus. Hübsch, das braune Ornament auf dem gelben Papier. Er schließt die Wohnungstür auf, läßt die Tasche im Flur stehen und geht gleich in die Küche, schaltet dort das Arbeitslicht über dem Kühlschrank an und schnappt sich ein Bier, nun schaut er wieder auf die Einladung. Ach, das Ornament ist rot und das Papier weiß. Er legt die Einladung auf den Tisch. Am nächsten Morgen scheint die Sonne, die Küche wird von den Delfter Kacheln in ein kühles Licht getaucht. Die Einladung zeigt ein bläuliches Rot auf einem schwach grünlich getönten Papier.

So wenig berechenbar ist die Wirkung von farbigen Drucksachen. Ein weißes Papier übernimmt also immer etwas von der Farbtemperatur der Umgebung. In gelblichem Licht wirkt es wärmer, in einem Licht mit hohem Blauanteil kühler.

Es kommt deshalb auf die feinsten Nuancen gar nicht an. Es genügt, eine Farbrichtung festzulegen. Ob etwa ein Blau ein wenig mehr oder weniger rötlich getönt ist, sieht zudem jeder Mensch anders, weil auch unsere Augen wie unsere anderen Sinnesorgane keine normierten Meßinstrumente sind, sondern sich sowohl biologisch unterscheiden als auch, abhängig von unserer Stimmungslage, gleiche Farben unterschiedlich sehen. Wenn wir gutgelaunt sind, nehmen wir eine Farbe als lebhaft wahr, die uns an einem schlechten Tag als aggressiv erscheinen kann.

Wie funktionieren Druckfarben technisch? Im vierfarbigen Offsetdruck können viele Farben durch Zusammendruck von vier Grundfarben dargestellt werden: Cyanblau, Magenta, Gelb und Schwarz. Bekannt dafür ist die Abkürzung CMYK, die für Cyan, Magenta, Yellow und Key steht. Unter Key wird die schwarze Druckplatte verstanden, von der zuerst gedruckt wird und an der die anderen Druckplatten ausgerichtet werden. Durch das Übereinanderdrucken dieser vier Grundfarben entstehen alle nötigen Farbnuancen, um beispielsweise ein Farbfoto zu drucken. Für aufwendige Gemäldereproduktionen werden weitere Farben eingesetzt, die sich durch das Übereinanderdrucken von CMYK nicht erzeugen lassen.

Das Entstehen eines breiten Farbspektrums durch Übereinanderdrucken nennt man subtraktive Farbmischung, weil mit jeder zusätzlichen Farbschicht die Anteile des Lichtspektrums reduziert werden. Mit dieser subtraktiven Farbmischung sind aber nicht alle Farben darstellbar, und sie ist vor allem für bunte Bilder geeignet, bei denen es nicht so genau auf farblich exakte Reproduktion ankommt.

Schrift und andere Zeichen werden schärfer und klarer abgebildet, wenn sie nicht für das Übereinanderdrucken mehrerer Farben in Punkte aufgerastert, sondern jede für sich mit einer eigenen Farbe gedruckt werden.

Druckereien und Grafikdesigner bieten in Farbfächern eine Auswahl aus Tausenden Farben an, die sie Sonderfarben nennen, weil sie nicht durch das Übereinanderdrucken entstehen, sondern eigens für die gewünschte Drucksache in die Druckmaschine eingefüllt werden, was sich auch im höheren Preis bemerkbar macht.

Für den Kunden des Druckers ist diese Auswahl mit dem Farbfächer eigentlich eine Überforderung, weil er von einer kleinen Fläche in einem Fächer die Farbvorstellung auf eine Drucksache übertragen soll. Es ist ein großer Unterschied, ob man eine Farbfläche anschaut oder Schrift. Dieses Buch wurde ausschließlich mit schwarzer Druckfarbe gedruckt. Aber ist die Grauwirkung einer Buchseite aus diesem schwarzen Kasten (links) absehbar?

Man müßte den Kasten zum größten Teil abdecken (rechts), um die Farbwirkung einer feinen Linie zumindest zu ahnen.

Flächen wirken ganz anders als Linien, weil sie das Licht stärker reflektieren. Farbnuancen sind in Flächen deutlicher erkennbar als in dünnen Linien. Die Farbe von Flächen wirkt durch die Lichtreflexion auch heller, als wenn man dieselbe Farbe in einer feinen Linie darstellt. So kann ein sehr dunkles Blau in einer feinen Linie mit Schwarz verwechselt werden, in einer geschlossenen Fläche ist es dagegen deutlicher erkennbar.

Die Zeichen einer mageren Schrift bestehen aus feinen Linien mit weißen Innenräumen. Eine Buchseite wie diese wirkt dadurch in der Fläche grau. Je **fetter** die Schrift, desto **kräftiger** und **farblich deutlicher** wird sie.

Auch die Papierfarbe beeinflußt die Farbwirkung, weil Druckfarben lasieren, der Bedruckstoff also durch die Farbe hindurchscheint. Dasselbe Rot wirkt auf einem gelblichen Papier wärmer als auf einem weißen, weil das Gelb des Untergrundes die Farbe beeinflußt, dazu kommt die Ausstrahlung des Papiers um die bedruckten Stellen herum.

Es entsteht auch eine Rückwirkung von der Druckfarbe auf das Papier. Ein mit grüner Farbe bedrucktes weißes oder gelbliches Papier bekommt einen leichten Grünstich. Solche Einflüsse sind zu erkennen, wenn man zwei gleiche Papiere, die mit unterschiedlichen Farben bedruckt sind, in geringem Abstand nebeneinanderhält.

Man kann sich lange mit Farben beschäftigen und versuchen, seine Eindrücke zu rationalisieren und feinste Nuancen zu suchen. Aber bei privaten Drucksachen, an deren Entwürfe keine funktionalen Erwägungen des Marketings oder einer geschäftlichen Konstante gebunden sind, darf man sein Gefühl und seine Vorlieben entscheiden lassen, welche Farben gedruckt werden sollen.

Einige Farbwirkungen stelle ich im Zusammenhang mit Schrift und Papier kurz dar:

Schwarz kann und darf alles. Auf einem schwach gelblich getönten Papier ist Schwarz am angenehmsten zu lesen. Jede Drucksache kann mit schwarzer Farbe gedruckt werden, und jede andere Farbe eignet sich für ihre unterschiedlich schmückende Begleitung.

Blau ist die kälteste Farbe, denn sie erinnert an klares Quellwasser, an Meere und Seen und Lichtreflexe auf Eis und

Schnee. Für kleine Drucksachen, die nur aus Text und typografischem Schmuck oder kleinen Vignetten bestehen, sollte kein reines Blau verwendet werden. Unbegleitete reine Farben wirken platt und knallig.

Rötliches Blau wirkt als helle Farbe leuchtend und froh, als dunkle Farbe, mit zugesetztem Schwarz, feierlich. Grünliches Blau ist kühler, abgeklärter, unzugänglicher, als helle Farbe etwas grell. Als Schmuckfarbe zu Schwarz darf nur mittleres und helles Blau verwendet werden, weil dunkles Blau der schwarzen Farbe zu stark gleicht. Wie für alle Regeln gilt aber auch hier: Wird die schwache Differenzierung beabsichtigt eingesetzt, ist sie kein Fehler.

Violett ist als dunkelste aller Buntfarben eine melancholische, düstere. In entsprechender Typografie kann das kalte Violett auch feierlich wirken. Auf grauem Grund jedoch entwickelt ein lasierendes Violett eine schöne Lebendigkeit.

Rot erinnert an Sommertage, an Feuer und Glut und gilt deshalb in seinen gelblichen Tönen als wärmste Farbe. Rot ist die am stärksten hervortretende Schmuckfarbe zu Schwarz. Durch Tönung des Papiers kann der Kontrast abgemildert werden. Als einzige Farbe für einen Text sollte Rot gebrochen werden, wenn man keine alarmierende Wirkung erzielen möchte.

Ein mittleres Rot ohne zweite Farbe auf weißem Papier wirkt etwas plump. Ein kühleres bläuliches Rot oder ein wärmeres bräunliches sind als dunklere Farben gut lesbar und für das Auge angenehm.

Orange kann auf hellem Grau und mit viel leerem Raum durchaus hübsch sein, etwa für eine Visitenkarte mit sehr wenig Text. Für längere Texte ist Orange nicht geeignet.

Grün wirkt als helle Farbe frisch, ist aber wegen des geringen Kontrastes zum Papier nicht so gut lesbar. Doch als Schmuckfarbe ist helles Grün gut geeignet. Ein gelbliches und sehr dunkles Grün wie das English Racing Green ist eine schöne schwere und gesetzte Farbe und gut lesbar. Dunkelgrün sollte, wie das dunkle Blau, nicht als Schmuckfarbe für schwarzen Text verwendet werden, weil es zu wenig hervortritt.

Ocker und Braun können in kurzen Texten auf gelblich und grünlich getönten Papieren eine fast goldene Wirkung entfalten. Für längere Texte wirkt ein dunkles Braun freundlich, auch etwas altertümlich. Braun sollte übrigens öfter in Betracht gezogen werden. Eine braun gedruckte Visitenkarte kann durch diese goldene Wirkung in zierlichen Schriften ausnehmend hübsch aussehen. Serifenlose Schriften werden besser in dunklem Braun gedruckt als in einem hellem, das eher wurstig als golden erscheinen kann.

Gold und Silber lassen sich auf weißem Papier wegen der Reflexionen schwerer lesen. Als Metallfoliendrucke in kräftigen Schriften auf weißem Untergrund flimmern sie stark und erinnern an Verpackungen von Wein und Parfüm. Goldene Adreßetiketten, wie sie von Versandwarenhäusern billig angeboten werden, sehen auch billig aus. Aber ein goldener Namenszug in einer feinen Schrift auf einem stark getönten Papier kann sehr elegant sein, und als Schmuckfarben können Metallfarben schöne Akzente setzen. Nur sollte genau überlegt werden, ob man einen Firmennamen oder den einer Person in Gold prägen läßt. Eine Visitenkarte mit goldenem Namen kann selbstverliebt wirken.

Die Druckfarbe selbst ist gar nicht unbedingt nötig, um Farbigkeit zu erzeugen. Auch eine Form erzeugt den Eindruck von Farbigkeit im übertragenen Sinne. Eine verzierte Schrift wirkt lebendiger als eine schlichte. Gehört eine bestimmte Farbe nicht von vornherein zu einer Drucksache, sollten farbige Eindrücke mit viel Bedacht hinzugefügt werden.

Wenn ich Entwürfe für Drucksachen anfertige, beginne ich mit den Skizzen ohne Farbe, um die Schrift für sich gut beurteilen zu können. Erscheint eine Schrift dann zu schwer, denke ich beim Entwurf daran, daß sie durch Aufhellung leichter werden kann. Die Wuchtigkeit einer **fetten Serifenlosen** in Schwarz läßt sich durch bloße Aufhellung, also graue Farbe, **deutlich mildern**.

Sucht man eine Farbe für eine Drucksache aus, so bedenke man, daß sie zu allen eventuell gegebenen Anlässen gut paßt. Ein Briefbogen, dessen Kopf in einer grellen Farbe gedruckt ist, mag für manches seriöse, demütige, mahnende, bittende oder sogar düstere Schreiben untauglich sein.

Kein Material ist so vielseitig wie dieses. Geburtsurkunde und Windel, Banknote und Speibsackerl, Lampenschirm und Testament. Ein- und derselbe Stoff dient als Datenträger und profaner Alltagshelfer. Seinen guten Ruf verdankt er vor allem freilich dem Einsatz in Büchern, als Medium für Wissen und Dichtkunst. Heute wird das feinste und teuerste Papier kaum noch für Bücher verwendet. Die Angebote der Feinpapierhändler richten sich vor allem nach dem geschäftlichen und privaten Bedarf, und von diesem Papier, hergestellt für Visitenkarten, Briefbogen, Anzeigen, Einladungen und Danksagungen, ist im folgenden die Rede.

Das billige Papier für Computerdrucker taugt kaum, überhaupt erwähnt zu werden. Wenn ich meinen Kunden Feinpapiere mit ihrem gebrochenen Weißton zeige, lege ich manchmal die Rechnung eines Lieferanten daneben, die auf einem handelsüblichen Büropapier erstellt wurde: Dessen Weißton ist viel zu grell, und im Klang ist das Papier stumpf. Farbe, Griffigkeit und Klang beschreiben die Eigenschaften, aus denen auf die Güte des Materials geschlossen werden kann.

Wie klingt gutes Papier? Welches Geräusch erzeugt Papier durch Bewegung und Knittern? Ein Schreibpapier, das mit Feder und Tinte beschriftet werden soll, erzeugt einen harten hellen Klang. Löschpapier ist dagegen fast geräuschlos, auch Zeitungspapier raschelt nur, es klingt nicht. Je härter und steifer ein Papier, desto stärker klingt es, feines Schreibpapier wird klanghart genannt.

Das Gespür für den Klang eines Papiers entwickelt man freilich durch Hören. Wer wenig mit Feinpapier umgeht, sollte sich gutes Papier in einer Auswahl empfehlen lassen. Büropapier und die Werkdruckpapiere für Zeitungen und Bücher schulen das Gehör nicht.

Eigenschaften wie Griff und Klang werden durch die Zusammensetzung des Papiers erzeugt. Als Grundstoff für wertvolle Papiere dienen Hadern: textile Fasern aus Baumwolle, Leinen, Jute. Holzfreie Papiere werden aus Zellstoff ohne Holzschliff hergestellt. Die meisten Papiere werden aus Nadelholz hergestellt, dessen zellulosehaltige Fasern länger sind als jene von Laubbäumen und damit dem Papier eine höhere Festigkeit verleihen. Außerdem in Papier enthalten sind Leimstoffe wie Wachs, Paraffin, Harz, Füllstoffe wie Gips, Kreide, Kaolin sowie sogenannte Hilfsstoffe, die das Papier färben und seine Eigenschaften beeinflussen.

Über die genaue Zusammensetzung von Papier wissen Designer und Drucker nur wenig, sie stellen es schließlich nicht her. Sie sammeln praktische Erfahrungen, um das passende Papier für jeden Zweck und jedes Druckverfahren zu finden. Sie prüfen Klang und Griff von Papier, und sie legen die Laufrichtung fest, in der das Papier verarbeitet werden soll.

Alle Papiere, die industriell in endlosen Bahnen hergestellt werden, zeigen eine sogenannte Laufrichtung: Wenn der flüssige Papierbrei in einem dünnen Strahl über ein Langsieb fließt oder zwischen zwei Sieben geformt wird, legen sich seine Fasern der Länge nach in eine Richtung, bis auf einen kleinen Teil, der für die Verfilzung des Stoffes sorgt. Parallel zur Laufrichtung seiner Fasern läßt sich das Papier leichter biegen als in der Gegenrichtung. Diese Eigenschaft wird für alle Drucksachen berücksichtigt. Bücher beispielsweise werden so gedruckt, daß die Faserlaufrichtung parallel zur Bindung liegt, weil andernfalls die Buchseiten wellig werden können. Papier reagiert nämlich stark auf Luftfeuchtigkeit. Nimmt Papier Feuchtigkeit aus der Luft auf, quellen die Fasern in Querrichtung dreimal so stark wie in Längsrichtung.

Papiere aus reiner Baumwolle arbeiten in alle Richtungen. Auch wenn man an einer Visitenkarte diese Verziehungen mit bloßem Auge nicht wahrnimmt, so muß der Designer sie bei mehrfarbigen paßgenauen Entwürfen berücksichtigen.

Der Drucker nennt die beiden Arten, ein Papier aus dem Bogen auf ein Format zu schneiden, Schmalbahn und Breitbahn. Beim Bogen in Schmalbahn liegt die schmale Kante des Bogens rechtwinklig zur Laufrichtung der Fasern.

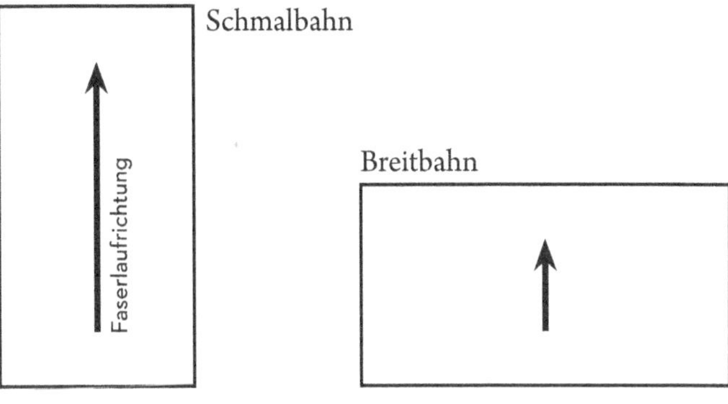

Wenn ein Drucker nur daran denkt, das Papier sparsam einzusetzen, wird er den Rohbogen, den er vom Papierhändler erhält, nur nach dem Nutzen berechnen. Je mehr Druckformate er aus dem gelieferten Rohbogen schneiden kann, desto weniger Bogen braucht er und desto weniger Abfall entsteht. Kommt es aber auf die Steifigkeit an, berücksichtigt er die Laufrichtung. Eine Einladungskarte sollte also in Schmalbahn geschnitten werden, ebenso die Visitenkarte, wenn nicht auf ihre Biegsamkeit größerer Wert gelegt wird als auf ihre Stabilität oder sich durch eine sichtbare Oberflächenstruktur die andere Laufrichtung empfiehlt. Soll ein festes Papier in mehrere Lagen gebunden werden, beispielsweise das Kirchenheft zu einer Hochzeit, ist es wie bei Büchern nötig, den Falz parallel zur Laufrichtung einzusetzen, damit das geheftete Papier sich leicht umblättern läßt und sich nicht unschön wellt. Für ein Heft im Hochformat wird also der Druckbogen in Breitbahn geschnitten. Klappt man diesen in Breitbahn geschnittenen Bogen zu, erhält man das Hochformat mit der Faserlaufrichtung parallel zum Falz.

Erstes Kriterium bei der Papierauswahl ist seine Stärke, die sich aus Gewicht und Volumen bildet. Ein dünnes weiches Papier ist für eine Visitenkarte ungeeignet, und Briefe schreibt man nicht auf Papptafeln. Das Gewicht von Papier wird in Gramm pro Quadratmeter angegeben. Mit speziellen Papierwaagen wird die sogenannte Grammatur eines Papiers ausgewogen. Dazu schneidet man ein genau bemessenes Stück aus dem großen Bogen, und die Waage zeigt das auf den Quadratmeter umgerechnete Gewicht an.

Für außergewöhnliche Zwecke kann ein ganz leichtes Papier geeignet sein wie das früher für Luftpost verwendete, das nur 25 g/m² wiegt. Gewöhnliche Post kann auf einem Schreibpapier in 80 oder 90 g/m² geschrieben werden, und für feine Briefpost wird Papier in 100 bis 130 g/m² eingesetzt. Für Einladungen, Brief- und Visitenkarten empfehle ich Feinkarton aus Naturpapier mit einem Gewicht von 250 bis 350 g/m². Es kann aber jede Abweichung von diesen Empfehlungen sinnvoll begründet werden. Warum soll eine Werbeagentur nicht mit ein Millimeter starken, 700 g/m² schweren, brettchenartigen Visitenkarten auf sich aufmerksam machen?

Wir unterscheiden Papier nicht nur nach seinem Flächengewicht, sondern auch nach seinem Volumen. Eine Visitenkarte aus einem 300 g/m² schweren satinierten (geglätteten) Karton fühlt sich dünner an als eine Karte gleichen Gewichts aus einem unkalandrierten (rauhen) Naturkarton, in dem die Fasern lockerer liegen.

Bei der Satinage wird das Papier geglättet. Im Kalander, einem System aus befeuchteten und beheizten Stahl- und Gummiwalzen, erhält das Naturpapier das gewünschte Volumen, es wird geglättet oder bekommt eine geprägte Oberflächenstruktur wie Hammerschlag oder Rippen.

Zur Zeit der Niederschrift dieses Buches erfreut sich das irrigerweise oft Vergé-Papier genannte gerippte Papier (engl. *laid paper*) mit geprägten Querrippen größerer Beliebtheit als andere Strukturpapiere. Das echte Vergé-Papier ist auf der Oberfläche glatt und zeigt die Abdrücke des bis in die Mitte des 18. Jahrhunderts verwendeten Vergé-Siebes nur als Wasserzeichen in der Durchsicht. Dieses Sieb bestand aus quer laufenden Drähten, die mit dickeren senkrecht laufenden Drähten verbunden waren. Heute gibt es solches Papier nur noch als echtes Bütten. Im industriell gerippten Papier werden die Rippen mit dem sogenannten Egotteur in die nasse Papierbahn geprägt. Es ist deshalb ein hartes und ungeschmeidiges Papier und imitiert das historische Vorbild falsch.

Eine glattere und gleichmäßigere Papieroberfläche entstand um 1750 in England, als der Drucker John Baskerville das Papier mit einem aus feinstem Kupfergeflecht bestehenden Velin-Sieb (*vellum* – Pergament) schöpfte.

Die Oberfläche eines filzmarkierten Papiers ist eher weich, weil es nicht so hart gepreßt wird. Seine feine und leicht unregelmäßige Struktur entsteht durch eine Filzmatte.

Für Akzidenzen selten geeignet sind glänzend gestrichene Papiere, die mit einer aus Pigmenten und Bindemitteln bestehenden Farbschicht überzogen werden. Diese Streichfarbe kann dem Papier verschiedene Eigenschaften verleihen, einen starken oder schwachen Glanz, sie verbessert die Aufnahme von Druckfarbe oder Tinte, und sie beeinflußt auch das Gewicht und die Steifigkeit des Papiers. Für Prospekte mit vielen Farbfotos kann dieses Papier geeignet sein. Der Spiegelglanz eines solchen Papiers wird aber das Lesen längerer Texte erschweren. Auch Visitenkarten sollten nicht auf glänzend gestrichenem Papier gedruckt werden; glänzende Oberflächen machen Fett- und Schmutzpartikel und schon Fingerabdrücke sichtbar.

Die Papierqualität ist für die Anmutung einer Drucksache entscheidend. Unter der Hornhaut auf unseren Fingerkuppen sind die zahlreichen für Berührung empfindlichen Nerven so gut geschützt, daß unser Tastsinn dort besonders sensibel ist. Wie empfindlich unsere Hände sind, merken wir immer dann besonders deutlich, wenn wir uns verletzen. Erstaunlich, wie schmerzhaft ein kleiner ungünstiger Schnitt sein kann. Wir nehmen mit dieser Empfindlichkeit aber feinste Unterschiede von Oberflächen wahr und empfangen von jedem Material taktile Informationen. Hochglattes Papier wirkt kühl, mattes Material etwas wärmer; rauhes Papier kann dazu anregen, das Papier zwischen den Fingern zu reiben. Die Sympathie für Papierbeschaffenheit ist unterschiedlich. Manche Leute mögen hochglatte, seidenartige Papiere, andere bevorzugen den haptischen Eindruck von Baumwolle. Auf geeignete Papiere werde ich in den Ausführungen zu einzelnen Drucksachen noch eingehen.

Die Visitenkarte dient heute nicht mehr, wie vor Jahrhunderten, zur Anmeldung eines Besuches oder zur Übermittlung von Botschaften durch standardisierte handschriftliche Vermerke wie das »p. f.«, das man als Kürzel für »pour féliciter« in eine Ecke der Karte schrieb, um aus gegebenem Anlaß zu gratulieren. Sie ist aber auch selten nur pures Informationsmedium gewesen, das lediglich den Namen ihres Eigners mitteilt: Gleichgültig, welche Schrift und welches Papier verwendet wird, die Karte spricht durch ihre Form. Zu jeder Zeit ist ihr Entwurf auch vom Geschmack der Zeit oder auch von kurzlebiger Mode beeinflußt gewesen.

Im Industriezeitalter gewann die Visitenkarte geschäftliche Bedeutung; durch formelle Konventionen lassen sich Geschäftskarten von privaten unterscheiden, vor allem durch die Marke eines Unternehmens, Logo (aus dem Griechischen) oder Signet (lateinisch) genannt.

Die Visitenkarte hätte technisch längst ersetzt werden können. Ihre Funktion ließe sich durch einen maschinenlesbaren Aufdruck erfüllen, wenn man nicht ohnehin durch den elektronischen Austausch von Daten sofort alle nötigen Informationen geben und nehmen kann. Aber die Visitenkarte hat eine neue Relevanz erlangt. Sie ist ein Souvenir geworden, ein Statussymbol, ein Prestige-Dokument. Ihr Entwurf – Schriftsatz, Firmenzeichen, Schmuck – soll Aufmerksamkeit erregen oder Stilbewußtsein mitteilen. Dabei gewinnt das Papier an Bedeutung. Je glatter und gleichförmiger die Oberflächen der technischen Geräte werden, all die Bildschirme, auf denen getippt und gewischt wird, desto leichter wird es für eine kleine Karte, auch taktil interessant zu sein. Sehr weiche Baumwollkartone sind in Mode gekommen, schmiegsam wie Stoff, Echt-Bütten aus Hadern: ein dickes, weiches Papier ohne Faserlaufrichtung. Sogar auf grobe Graupappe wird gedruckt.

Versieht man die Schnittkante der Karte mit einer leuchtenden Farbe (dem von der Buchbinderei bekannten Farbschnitt, der heute auch mit Glanzfolien ausgeführt werden kann), erhält man ein auffälliges Objekt, das wegzuwerfen die meisten Leute sich scheuen.

Das beste Papier und materieller Aufwand allein ergeben aber noch keine gute Drucksache. Auf den Entwurf kommt es an, auf eine ordentlich ausgeführte Typografie, also Anordnung, Farbe und Satz der Schrift und grafischer Beigaben wie Firmenzeichen und Schmuck.

Aber was ist ein guter Entwurf? Vielen Menschen fällt es schwer, ihre Vorlieben gegen einen unablässig über sie hereinbrechenden Strom kurzlebiger Moden als guten Geschmack auszubilden. »Den Geschmack kann man nicht am Mittelgut bilden, sondern nur am Allervorzüglichsten«, lehrt uns Goethe. Und wie sieht die allervorzüglichste Visitenkarte aus?

Es wäre falsch, nach einer ganz neuen Form als individuellem Ausdruck zu suchen, denn die besten Formen sind immer schon da. Sie bilden sich von allein heraus durch die kleinen Änderungen, mit denen wir dem Zeitgeschmack folgen, ohne sie uns eigentlich bewußt machen zu können. Dieser Zeitgeschmack ist schwer zu fassen. Wahrscheinlich entsteht er zugleich aus den Arbeiten der Designer und den Wünschen ihrer Kunden, und er ändert sich ständig. Beispielsweise wird das Format von Visitenkarten heute meistens der Geldkarte abgenommen. Doch regt diese Konvention dazu an, von ihr abzuweichen, bis sich vielleicht einmal ein neuer Standard durchsetzt. Auch die Typografie wandelt sich. Selbst wenn wir nicht im Detail sagen könnten, woran wir es sehen, so erkennen wir doch an einer Visitenkarte, in welcher Zeit sie ungefähr gedruckt wurde.

In einer Broschüre aus dem Jahr 1955, einem Essay über zeitgemäße Typografie, finde ich diese zeitlos gewordene Bemerkung:

> *Es kann vorkommen, daß ein tadellos gekleideter Herr einem schnittigen Wagen entsteigt und dann aus seiner eleganten Brieftasche eine Geschäftskarte nimmt, auf der eine ganze Serie von Setzersünden verewigt ist. Wenn er Glück hat, ist er ahnungslos; manchmal ist er aber auch der Veranlasser gewesen, der die Karte so gewollt hat.* Willi Mengel

Das war nicht nur ein Problem der 1950er Jahre. Gelegentlich bekommt man auch heute furchteinflößende Visitenkarten in die Hand, für die jemand ohne ästhetisches Empfinden das Faß seines Einfallsreichtums bis zum Boden ausgeschöpft hat, etwa indem er drei Standardschriften seines Textprogramms verschiefte, verzerrte und mit Schatten, Kästen, Linien und Ornamenten zu verzieren suchte. Viel Aufwand steckt darin.

Der Schwager von Emil Bunsenbrenner geht dem Beruf des Kommunikationsdesigners nach und entwirft auch Drucksachen. Nach einem Blick auf Emils Karte fallen scharfe Worte: Sie sehe aus wie eine Eintrittskarte zur Hölle, abartig, monströs. Kein Mensch, der noch alle Murmeln in der Lade habe, würde auch nur eine Fahrradversicherung bei jemandem abschließen, der ihm auf diese Weise einen Hausbesuch androhe.

Emil ist als Vertreter einiges gewöhnt und verliert nicht so rasch die Fassung. »Mach's doch besser!«, sagt er schlau. Am nächsten Tag legt ihm der Designschwager einen Entwurf vor.

Emil Bunsenbrenner
Versicherungen

Goethestraße 27 · 12890 Berlin +49 0123 7753 9210
mail@bunsenbrennerversicherungen.de

Emil: »Na schön. Ich seh' schon, was dich an meiner Karte stört. Aber meine Kundschaft, das sind keine feinen Leute. Wo ich verkaufe, geht es laut zu. Mit deiner Karte kann ich in der No-go-Area nicht punkten.«

Der Schwager versteht. Kommunikation hat er ja studiert. Also eine etwas »lautere« Werbekarte wird hier verlangt. Einen Tag später zeigt er Emil einen neuen Entwurf. »Hier, ein Miniplakat«, erklärt er. »Mehr Text setze ich da nicht drauf.«

Emil Bunsenbrenner
Versicherungen aller Art · Hausbesuche

Haben Sie vorgesorgt?

Erstklassige und vernünftige Versicherungen zu günstigen Konditionen	Haftpflicht Hausrat · Unfall Rente · Leben Rechtschutz Tiere · Glas …

Termin: 0123 7753 9210

Goethestraße 27 · 12890 Berlin-Wedding
mail@bunsenbrennerversicherungen.de

Emil benutzt nun seinen eigenen Entwurf für die stark nachgefragten Einbruchdiebstahlversicherungen in der schlimmen Gegend (mit durchschlagendem Erfolg, wie er unter vier Augen sagt) und die zweite Schwagerkarte für die Hausrat- und Lebenabschlüsse im ganz langsam aufsteigenden Viertel. Den feinen Entwurf hat er gleich weggeschmissen, als der Schwager fort war.

Die Anmutung der Visitenkarte bildet sich aus mehreren Zutaten: Schrift, Signet oder Ornament, Anordnung, Farbe und Papier. Generell läßt sich kaum eine Anleitung dafür geben. Der Entwerfer hat einigen Ordnungen zu folgen, beispielsweise nur wenige Schriften zu verwenden, die Rangfolge der Informationen zu organisieren, Größenunterschiede deutlich zu setzen, für jede Drucksache einen Rhythmus zu finden und die Proportionen abzustimmen.

Wie wird eine Visitenkarte entworfen? Zuerst wird der Text geschrieben. Die Festlegung auf einen Text ist wichtig, weil Textänderungen einen Entwurf hinfällig werden lassen können, etwa durch das Entfernen oder Hinzufügen einer Zeile.

Klar, der Name steht freilich auf einer persönlichen Visitenkarte. Alles andere aber muß bedacht werden.

Welche akademischen Titel und Berufsbezeichnungen sollen angegeben werden? Das hängt davon ab, was man mit der Karte erreichen will und ob der akademische Grad in den Kreisen, in denen die Karte verwendet wird, Prestige vermittelt. Ein Bachelor wird es in Deutschland kaum tun, in Österreich nennt man akademische Grade eher. Einer öffentlich bekannten Persönlichkeit aus der Wissenschaft genügt der Professorentitel, die Doktor-Titel wirken kleinlich. Eine blonde und blauäugige junge Akademikerin, die sich ständig intellektuellen Unterbelichtungsverdächtigungen ausgesetzt sieht, nimmt einen Hinweis auf ihre Habilitation vielleicht besser auf ihre Karte.

Soll die Adresse genannt werden? Einen Anlageberater ohne Adresse könnte seine Kundschaft als windig einschätzen. Ein weltweit tätiger Werbetexter braucht sie nicht.

Telefon? Einen Festnetzanschluß zu nennen, obwohl man dort kaum erreichbar ist, ergibt wenig Sinn. Wer auf seinem Mobiltelefon nicht von jedem angerufen werden möchte, sollte die Nummer nicht auf seine Visitenkarte setzen. Es kann eine persönliche Geste sein, sie von Hand dazuzuschreiben. Aber wenn man das ständig machen muß, wird es lästig.

Internet? Wenn man seine Visitenkartenempfänger anregen möchte, eine Internetseite anzuschauen, sollte man die Adresse ausdrücklich erwähnen. Wer gern elektronisch kommuniziert, wird entsprechende Adressen zeigen.

Das Format der Karte wird bestimmt. Verbreitet ist in Deutschland das Format 85 zu 54 mm. Es entspricht, wie bereits erwähnt, der Größe einer Geldkarte. Dieses Maß scheint zufällig zustande gekommen zu sein, knapp vorbei am Goldenen

Schnitt. Die exakte Proportion des Goldenen Schnitts lautet 1 zu 1,618, in geraden Zahlen ungefähr 5 zu 8. Zu einer Breite von 85 mm wäre die Höhe von 52,5 mm in diesem Verhältnis proportional.

Der Goldene Schnitt ergibt durchaus ein schönes Querformat für Gemälde. Visitenkarten in dieser Proportion wirken aber etwas klobig, wenn dies nicht durch einen günstigen Entwurf abgemildert wird. Im Hochformat hingegen macht der Goldene Schnitt eine schöne schmale Figur.

Je schmaler eine Karte ist, desto eleganter und konturierter. So entsteht bei dem Verhältnis 1 zu 2 im Querformat eine klare und elegante Form.

Ein wohlproportionierter Entwurf, das harmonische Zusammenspiel von Schriftanordnung und Papierformat, läßt aber jede Kartengröße gut aussehen. Zu starke Abweichungen von der Konvention wie beispielsweise ein Quadrat sind allerdings unpraktisch.

Jedes Format tritt notwendigerweise in Beziehung zum Entwurf. Einen langen Namen oder einen Namen, der mit akademischen Titeln ergänzt wird, kann man nur schwerlich auf ein Hochformat bringen. Wird viel Text auf die Karte gedruckt, ist die schmale Karte vielleicht zu niedrig. Das Format sollte in diesen Fällen dem Entwurf angepaßt werden, denn der Aufdruck, die Zeilenlänge, die weißen Flächen können die Proportionen betonen oder unauffällig werden lassen.

Welche Schrift soll verwendet werden? Jede Druckschrift wird durch eine Farbe wiedergegeben oder durch eine Blindprägung konturiert. Manchen Schriften stehen bestimmte Farben besser, andere weniger gut. Deshalb ziehen wir bei der Sichtung der Schriften auch die für sie günstigsten Druckfarben in Betracht.

Zuerst schauen wir uns die Antiqua-Schriften mit einigen typischen Vertretern ihrer Stilrichtungen an.

Rechtsanwältinnen, die in Garamond drucken lassen
Rechtsanwältinnen, die in Caslon drucken lassen
Rechtsanwältinnen, die in Baskerville drucken lassen
Rechtsanwältinnen, die in Bodoni drucken lassen
Coiffeure, die in kursiver Garamond drucken lassen ABJ
Coiffeure, die in kursiver Caslon drucken lassen ABJ
Coiffeure, die in kursiver Baskerville drucken lassen ABJ
Coiffeure, die in kursiver Bodoni drucken lassen ABJ

Die Renaissance-Schriften nach Art der französischen Garamond, die wir meistens in belletristischen Büchern lesen, geben Visitenkarten ein zurückhaltendes, seriöses Bild. Eine Schrift für Rechtsanwälte, Schriftsteller, Immobilienmakler, Anlage-, Unternehmens- und Politikberater, Herzchirurgen, denen nichts wichtiger ist als eine seriöse Ausstrahlung. Renaissance-Schriften werden am schlichtesten in Schwarz gedruckt. Doch auch andere Farben stehen ihnen gut. Dunkles Blau macht die Schrift lebendiger und härter, dunkles Grün weicher und zugänglicher, Weinrot und Rotbraun freundlich. Für erhabene oder vertiefte Blindprägungen, also Reliefs im Papier ohne Druckfarbe, sind diese Schriften gut geeignet, weil ihre komplexen Formen vielfältige Schatten werfen.

Schärfer und akzentuierter ist eine späte Renaissance-Schrift wie die englische Caslon, deren Kursive zusätzlich schwungvolle Zierversalien enthält. Auch sie ist eine seriöse Type, auch sie steht gut in Farbe und gibt als Prägung feine Schattenwürfe. Sie eignet sich für alle seriösen Privatkarten und für Leute aus Kultur und Wirtschaft.

Spitziger sind die Schriften aus der Zeit des Rokoko, denen

der Einfluß der Kupferstichschriften anzusehen ist. In diesen feiner geschnittenen Schriften sind die Unterschiede zwischen kräftigen und zarten Linien deutlicher; die englische Baskerville ist eine typische Vertreterin. Dunkelgrün ist für eine härtere Schrift wie diese vielleicht schon eine zu milde Farbe, die sie etwas verwischt. Kalte Farben sind besser geeignet. Wenn die kursiven Zierbuchstaben verwendet werden, kann schwarze Druckfarbe die Zierhaftigkeit mäßigen und weinrote sie betonen. Blindprägungen sind nur mit kräftigen Strichen möglich, denn zu feine Linien können in der Prägung unsichtbar werden. Für eine erhabene Blindprägung muß die Schrift also groß genug sein. In der Gesamtschau: eine Schrift für feinsinnige Individualisten.

Die strengste Schrift des Klassizismus ist die italienische Bodoni. Sie zeigt den stärksten Kontrast zwischen kräftigen Grundstrichen und übermäßig fein gestochenen Haarlinien und ist von einer kühlen, etwas steifen Eleganz. Nicht wenige Fachleute sehen die Bodoni und die ihr folgenden klassizistischen Schriften als Fehlentwicklung an, weil ihr die in Leserichtung drängenden Grundfiguren fehlen. Nicht nur im o, auch in b, d, g, p, q stehen sich die dickeren Rundungen genau gegenüber und kann man eine lotrechte Achse ziehen von der oberen dünnsten Stelle zur unteren. In allen Vorgängern ist diese Achse nach links geneigt, wodurch die dickeren Rundungen den Blick nach oben rechts in die Leserichtung ziehen. Man nennt diese linksgeneigte Achsenstellung auch »dynamische« Form, während die klassizistischen Schriften in der Art der Bodoni mit lotrechter Achse »statisch« genannt werden, wobei dieser Begriff die Eleganz der klassizistischen Schriften und die Bewegung ihrer Kursiven ausklammert.

Für längere Texte muß die Bodoni gut gesetzt werden, Schriftgrad und die Wort- und Zeilenzwischenräume sind so aufeinander abzustimmen, daß der Text nicht flimmert und sich gut lesen läßt. In großen Graden und als Überschriften sind die klassizistischen, auch die in ihrer Steifheit und Härte etwas gemäßigteren wie die französische Didot und die deutsche Walbaum, fein und elegant. Eine ganze Visitenkarte aus solcher Schrift kann aber auch etwas altertümlich wirken.

Stilecht nur in Schwarz, Farben sollten sparsam eingesetzt werden und eher als Schmuckfarbe, vorzugsweise rot, als für den einfarbigen Druck einer ganzen Karte zum Einsatz kommen. Für Blindprägung sind sie wegen der feinen Haarlinien nur in sehr großen Darstellungen von einzelnen Zeichen geeignet.

Klassizistische Schriften eignen sich für Designer von Abendkleidern und für Historiker mit einem Hang zur Zeit der Aufklärung.

Die nächste Schriftklasse, die wir uns näher anschauen, sind die serifenlosen Schriften. Sie geben auf den ersten Blick ein lineares Bild, also täuschen vor, daß alle Linien gleich stark sind. Man bezeichnete sie deshalb auch als »serifenlose Linear-Antiqua«. Wenn man sich die Buchstaben solcher Schriften vergrößert anschaut, erkennt man die geschickt gezeichneten Übergänge, die manch einer »linearen« Schrift zu einiger Eleganz verhelfen und Klobigkeit verhindern. Diese Unterschiede unter den Serifenlosen und nach älteren Vorbildern geformte Züge haben zu ausdifferenzierten Klassifizierungen geführt, aber so tief wollen wir hier nicht in die Materie vordringen.

Bauunternehmerinnen verwenden die Akzidenz-Grotesk **1880**
Bauunternehmerinnen verwenden die Futura 1928
Bauunternehmerinnen verwenden die Gill 1928
Bauunternehmerinnen verwenden die **Trade Gothic 1948**

Bauunternehmerinnen verwenden die ***Corporate S*** 1990
Bauunternehmer nehmen *Avenir Next* **1988/2004**
Bauunternehmerinnen verwenden die **Neutraface**
mit Alternativen: aa uu MM GG QQQ 2002
Bauunternehmerinnen verwenden die Knockout Junior Liteweight 1994
Oder sie greifen zur Knockout Sumo

Serifenlose Schriften gelten als modern und zeitgemäß. Diesen Ruf halten sie allerdings seit knapp 200 Jahren: Die erste lateinische serifenlose Druckschrift mit Groß- und Kleinbuchstaben erschien 1825 in der Schriftgießerei J. G. Schelter & Giesecke in Leipzig. Man fand serifenlose lateinische, etruskische und griechische Inschriften aber schon in Gebäudeinschriften und auf Münzen aus dem fünften bis dritten Jahrhundert vor Christus. Englische Architekten verwendeten serifenlose Versalien ab den 1780er Jahren in ihren Plänen. Edward Johnston etablierte 1916 serifenlose Versalien in der Londoner Untergrundbahn.

Modern ist eine serifenlose Schrift an sich also erst einmal nicht. Man muß kein Typograf sein, um eine Schrift wie die Futura dem Bauhaus-Stil zuordnen zu können oder die Altertümlichkeit einer amerikanischen Type wie der Knockout zu erkennen.

Die Serifenlosen werden auch Grotesk-Schriften genannt. Der englische Begriff »Grotesque« wurde 1832 in der Londoner Fann Street Foundry, also einer Schriftgießerei geprägt, vielleicht abgeleitet von dem italienischen Wort »grottesco«, genau läßt es sich nicht mehr ermitteln. In Deutschland wurde diese Bezeichnung später wörtlich übersetzt und mit der Verwunderung und Überraschung erklärt, mit der Druckschriftkundige auf die neue absonderliche Erscheinung reagiert haben sollen. Hätte aber eine Schriftgießerei ihre eigenen Erzeugnisse als »bizarre Lächerlichkeiten« bezeichnet? Da die serifenlosen Schriften nun schon lange Zeit vor den Druckschriften aus Einmeißelungen bekannt waren, liegt die Ableitung von »grottesca pittura« näher, womit man die Wand- und Deckenmalereien aus Grotten, Kavernen und Gebäuden der römischen Zeit bezeichnete. Es war also eher eine zeitbezogene, fachlich korrekte Bezeichnung, keine Verhöhnung eines unbekannten Typs. Wir wollen diese Schriften hier Serifenlose nennen, wie es auch in anderen Sprachen *(Sans Serif)* üblich ist.

Zur Zeit werden serifenlose Schriften zu häufig verwendet. Viele Hersteller von technischem Gerät meinen, daß serifenlose Schriften ihnen einen modernen Zug geben, sowohl an den Geräten selbst als auch in ihren Firmierungen und im Internet. Andere ahmen diese Scheinmodernität nach, ob es nun Banken, Klempner oder Juweliere sind.

Man müßte sich sehr in diese Abteilung der Schriften vertiefen, um ihre eigentümlichen Charaktere zu erkennen, die sie natürlich zeigen. Es sind keine schlechten Schriften. Aber bevor man mit Helvetica und Univers hantiert oder gar mit Kopien oder minderwertigen Gratisschriften, die man auf dem Computer als Anhängsel an eine Software oder im Internet findet, verwende man lieber eine mit Serifen, mit größerem Formenreichtum, deutlicherem Charakter, oder gebe, wenn es serifenlose Schrift sein soll, die Drucksache in die Hand eines Designers, der diese Schriften so zu wählen, zu behandeln und auf ein Papierformat zu stellen weiß, daß sie nicht langweilig aussehen.

Für längere Texte ist eine Serifenlose weniger geeignet, weil sie das rasche Vorwärtsspringen des lesenden Auges lähmt. Ihre unverzierten Linien können nur wenig Dynamik entwickeln. In solchen Texten brauchen diese Schriften eine besonders geeignete Abstimmung von Größe, Wortzwischenräumen und Zeilenabständen. Ein Unternehmen, auch ein kleines, das für alle seine schriftlichen Darstellungen ausschließlich Serifenlose einsetzen möchte, ist auf die Expertise eines Typografen angewiesen.

Serifenlose können ganz ausgezeichnet als Ergänzung dienen, als Beigabe zu Serifenschriften, als starker Gegensatz zu Kursiven, zu Schreibschriften und zu gebrochenen Schriften, die wir uns später noch ansehen werden.

Nun kennen wir Schriften mit unterschiedlich gezeichneten Serifen und serifenlose Typen. Eine weitere Klasse bilden Schriften, deren Serifen auffällig dick sind, die serifenbetonten. Sie werden auch Egyptienne genannt. Die erste serifenbetonte Antiqua erschien 1817 in England, entworfen vom Londoner Schriftschneider Vincent Figgins. Diese Art Schrift wurde in der Reklame eingesetzt. Eine Italienne genannte Form mit balkenschweren Serifen kennt man heute als Wild-West-Schrift. Die klassische Schreibmaschinenschrift ist auch eine serifenbetonte, weil durch die breiten Serifen etwas unauffälliger wird, daß alle Buchstaben gleich viel Raum einnehmen, ein »i« ist so breit wie ein »m«.

Mit der *Rockwell* Reklame für Motorräder
Die **Clarendon-Serifen** fallen weniger auf
Die *Candida* ist eine fast zarte Type
Getippte Pica auf der Schreibmaschine
Seinen SALOON beschrifte man mit Playbill

Tausende von Schriften wurden kalligrafiert und gezeichnet mit dem Ansinnen, von der für Texte gebräuchlichen Schrift abzuweichen. Sie kommen von Schreibmeistern, Steinmetzen,

Graveuren, Schildermalern, Illustratoren, Comiczeichnern und sind heute meistens für wenig Geld als digitale Fonts für jedermann zu erlangen. Man kann sogar seine eigene Handschrift digitalisieren lassen und mit der Tastatur tippen.

So viele Typen dieser Fundus auch umfaßt, so wenig eignet sich sein größter Teil für die Verwendung in kleinen Drucksachen. Hier ein Beispiel für die ungeeignete Auswahl einer gemeißelten Schrift des Altertums:

Soeben kommt Dr. Trixie Brose aus dem Kino. Sie hat einen grandiosen Film gesehen, sich geradezu verliebt in herrliche Bilder. Sie wird diesen Film ihr Leben lang nicht vergessen. Da sie gerade Visitenkarten benötigt, setzt sie sich zu Hause gleich an den Computer und findet im Internet jene Schrift, die sie im Vorspann dieses wunderbaren Streifens gesehen hat, sie hat sie noch genau vor Augen.

Trajan heißt diese Schrift. Frau Dr. Brose kauft eine Lizenz, lädt sie auf ihren Computer und erstellt im Handumdrehen ihre neue Visitenkarte.

Dieses Unterfangen führt Frau Dr. Brose nicht zu einer guten Visitenkarte, wie wir gleich sehen werden, ermöglicht aber eine Stilkritik.

Die Leinwand im Kino zeigt den Film im Breitbildformat der CinemaScope-Technik, das Größenverhältnis des Bildes im Seitenverhältnis 2,35 zu 1. In dieses Format wurde die Titelzeile so gesetzt, daß sie von etwa gleich großen Rändern umgeben ist.

Die Schrift Trajan erhielt ihren Namen vom historischen Vorbild, nämlich der gemeißelten Inschrift im Fuß der Trajanssäule in Rom. Filmtitel und Schrift passen ideal zueinander.

Frau Dr. Brose hingegen wohnt weder in dieser Stadt noch beschäftigt sie sich vorrangig mit der Antike; ihr Fachgebiet liegt in der Goethezeit. Ist die Trajan überhaupt eine gute Wahl?

DR. TRIXIE BROSE
GERMANISTIN

KARL-MARX-RING 243 | 81735 MÜNCHEN
+49 98765432 | POST@TRIXIEGERMANISTIK.TR

Die Trajan besteht als Versalschrift nur aus Großbuchstaben. Im digitalen Font hat man auch kleine Versalien für den Kapitälchensatz untergebracht, der für Plakate gelegentlich verwendet wird. Dem Typografen wurden damit zwei Alphabete mit etwas unterschiedlichen Proportionen von Strichdicke zu Buchstabengröße zur Verfügung gestellt. Aber die nicht viel niedrigeren Kapitälchen sollten am besten gar nicht als Kapitälchen, also große und kleine Versalien gemischt, verwendet werden. Der Größenunterschied ist nicht deutlich genug für ein gutes Bild. Der Kapitälchensatz wirkt durch den geringen Unterschied nur unklar.

Frau Brose hat überdies die Abstände von Buchstaben und Zeilen unbeachtet gelassen und die Einstellungen aus dem zuletzt geschriebenen Dokument übernommen. Alles ist viel zu eng gesetzt und schwer zu lesen.

Was würde ein Typograf oder Designer nun raten? Wenn Frau Brose die Trajan so gern auf ihrer Visitenkarte sehen möchte, dann sollte diese festlich repräsentative Schrift sparsam eingesetzt werden, damit sie wirken kann.

Schauen wir uns die Buchstaben genauer an: Ob die Trajan eine breite oder schmale Schrift ist, läßt sich gar nicht eindeutig sagen. Sie ist nicht für längere Texte, sondern für ein ornamental schmückendes Bild gedacht. Die runden Buchstaben wie C, D, G und O sind sehr breit, aber T, S und E im Verhältnis dazu eher schmal. Das R hat einen kleinen Kopf, aber ein lang ausgreifendes Bein, das viel Platz benötigt. Hätte diese Schrift Kleinbuchstaben, würde auf das R immer ein Loch im Wort folgen. Man setzt sie etwas gesperrt, also mit etwas mehr Raum zwischen den Buchstaben, etwa so wie auf dem historischen Vorbild, der Trajanssäule. Dadurch braucht die Schrift viel Platz. Sie ist auf kleinen Drucksachen nur für eine Überschrift geeignet, auf einer Visitenkarte wie der von Frau Brose ist das der Name.

Der Gegensatz zu einer zweiten Schrift könnte mit einer anderen Gattung hergestellt werden. Die Garamond wäre zu ähnlich und würde deshalb unklar wirken, als sei versehentlich etwas durcheinandergeraten oder eine Schrift gestaucht, die andere gezerrt worden wie in diesem Entwurf:

Man könnte eine Serifenlose als Kontrast verwenden:

Doch die hier gesetzte Akzidenz-Grotesk hat ganz eigene Formen. Die beiden Schriften sind sich so fremd, daß der Gegensatz übertrieben und disharmonisch wirkt. An einzelnen Buchstaben kann man erkennen, woran das liegt: Das M der Trajan (zu sehen im Entwurf auf Seite 61) hat ausgestellte Beine, das M der Akzidenz-Grotesk gerade; das Trajan-O ist rund, das der Akzidenz-Grotesk schmal: MO MO. Passendere Proportionen zeigt die Neutraface: MO MO.

Auch ein Detail im Satz der unteren Textzeilen befriedigt im Entwurf von Frau Brose nicht recht: die kleinen Linien, mit denen die Adreßdaten voneinander getrennt sind. Senkrechte Linien innerhalb einer Zeile, die der Abtrennung dienen sollen wie die auf Mitte stehenden Punkte, hat es im Bleisatz, also von 1440 bis etwa 1990, nicht gegeben, abgesehen von Wörterbüchern (Worttrennungen) und Formeln. Dieser Strich war nie im Setzkasten zu finden, sondern hätte in den Bleisatz als Linienstück eingefügt werden müssen, was mühselig gewesen wäre. Es hat also 500 Jahre Typografie ohne ein zusätzliches Satzzeichen gegeben, das bis heute auch kein Schriftzeichen und auf der Tastatur nicht zu finden ist, sondern zum Zeichenbestand für den Satz von naturwissenschaftlichen Formeln gehört.

Oft sieht man den Strich schlecht gesetzt, er steht oben auf einer Höhe mit der Begrenzung der Oberlänge und läuft nach unten aus. Problematisch als Trennstrich ist er, wenn er nicht viel Raum hat und nicht deutlich länger nach oben und unten aus der Zeile ragt, weil er drei Zeichen ähnelt, vor allem in Serifenlosen, nämlich dem kleinen »l« und dem großen »I« sowie der Ziffer »1«. Satzzeichen sollten aber deutlich unterscheidbar sein. Der richtig gesetzte senkrechte Strich, also mit viel Raum und deutlicher Länge, ist wiederum sehr auffällig. Dadurch beeinflußt er die Statik einer Drucksache, also geplante Symmetrie oder Asymmetrie. Er ist mehr ein Ornament als ein unauffälliges Trennzeichen, mehr Schmuck als Funktionsträger.

Schauen wir uns noch einmal die grundsätzliche Schriftauswahl an. Vielleicht muß gar nicht die der römischen Vorlage so ähnliche Trajan verwendet werden, sondern eine etwas modernere und nicht wie in Stein geschlagene Type. Im folgenden Entwurf sind der Name aus der Schrift Diotima und die anderen Zeilen aus der Neutraface gesetzt.

DR. TRIXIE BROSE
Germanistin

post@trixiegermanistik.tr +49 9876 5432
Karl-Marx-Ring 243 · 81735 München

Könnte die Karte vielleicht auch auf Frau Dr. Broses Beschäftigung hinweisen? Kenner würden die Geistesverwandtschaft bemerken. Im folgenden Entwurf wurde die 1790 veröffentlichte Schrift Prillwitz verwendet, die der Goethe-Verleger Georg Joachim Göschen schneiden ließ.

Dr. Trixie Brose
Germanistin

post@trixiegermanistik.tr +49 9876 5432
Karl-Marx-Ring 243 · 81735 München

Dr. Brose könnte einwenden, daß dieser Entwurf altertümelnd wirke, denn die Prillwitz ist wenig gebräuchlich und verweist deshalb in unseren Augen stärker auf ihre Herkunft als ältere

Schriften, die wir gewöhnt sind. Aber so wie im folgenden hätte man eine Visitenkarte um 1800 keinesfalls gesetzt – alte Schrift in zeitgemäßer Anordnung:

Dr. Trixie Brose
Germanistin

post@trixiegermanistik.tr +49 9876 5432
Karl-Marx-Ring 243 · 81735 München

Neben der Trajan gibt es noch viele andere Schriften, die für besondere Anwendungen erschaffen wurden, zum Beispiel Imitate von Schreibwerkzeugen wie Pinsel, Tafelkreide und Schreibmaschine. Es gibt Schriften, die sehen aus wie aus Holz geschnitzt oder erinnern an Kartoffeldruck. Andere Buchstaben zeigen Schattenwürfe oder Schraffuren, wirken gemeißelt oder gekrakelt wie schlechte Handschrift. Es gilt zu bedenken, welchen Eindruck man mit solchen Schriften vermittelt.

Schreibschriften verweisen oft auf ihre Entstehungszeit und spiegeln einen Zeitstil. Die besten Schreibschriften sind die von einem Kalligrafen geschriebenen, weil das Wesen der Schreibschrift in der Lebendigkeit der Züge liegt, die durch große und kleine Abweichungen jedem Buchstaben ein eigenes Gesicht geben. In Satzschriften muß der Schriftentwerfer notgedrungen Kompromisse eingehen, wenn jeder Buchstabe mit jedem anderen zusammenpassen soll. Die Anschlüsse sind dadurch immer an gleicher Stelle. Der Kalligraf kann beim Schreiben freier ansetzen und jeder Buchstabenverbindung das ihr passende Gefüge geben.

Während sich in gesetzten Schriften die Strichstärke der Buchstaben automatisch ihrer Größe anpaßt und dadurch entweder zu fein oder zu fett wirkt (links), zeigt die handgeschriebene Schrift stets nur die eine Strichdicke, die das Schreibwerkzeug vorgibt (rechts, geschrieben von Frank Ortmann).

Besonders augenfällig wird der Unterschied in Monogrammen. Ein Kalligraf konstruiert und zeichnet die Buchstaben (Beispiel links von Frank Ortmann), ein Typograf kann sie nur mehr oder weniger geschickt ineinanderschieben (rechts).

Wenn Geld und Zeit zu knapp bemessen sind, um vom Kalligrafen einen Text schreiben zu lassen, kann der Entwerfer einer Drucksache auf eine vorhandene Satzschrift zurückgreifen, aber Erstklassigkeit darf diese nachgemachte Kalligrafie kaum für sich beanspruchen.

Es gibt jedoch Schreibschriften, die eigens für den Schriftsatz entworfen wurden und die Kalligrafie von Hand weniger stark vortäuschen. Diese Schriften sind nicht mit zahlreichen Alternativbuchstaben für die raffiniertere Imitation ausgestattet, es sind ihrem Charakter nach eher zierliche Kursivschriften wie etwa diese:

Die Schrift »Adana« ist die Interpretation einer Type aus den 1920er Jahren. Dreierlei Majuskeln und viele Ornamente werden angeboten.

ABC ABC ABC

Schließlich bleibt uns noch die Klasse der gebrochenen Schriften. So werden jene genannt, deren Bögen beim Schreiben mit der Feder durch unvermittelten Richtungswechsel »gebrochen« werden. Dazu zählen die Gotischen und Rundgotischen, die Schwabacher und, als jüngste, die im 16. Jahrhundert entstandene Fraktur. Man verwendet sie heute so selten, daß ihre Herkunft und ihre Geschichte in diesem Buch nicht behandelt werden sollen. Wir wollen uns nur zwei Frakturschriften ein wenig anschauen und sehen, welche Möglichkeiten sich damit ergeben und welche Fallen zu umgehen sind.

RUBEN FUCHSKAUZ

DIREKTOR

Gertrudeweg 12
87654 Rostock

Bitte, wie heißt dieser Direktor? Gebrochene Schriften dürfen nicht in Versalien gesetzt werden, denn man kann sie nicht lesen. Sie vertragen sich auch kaum mit kursiven Schriften.

Die Mischung der drei Schriften sieht merkwürdig aus. Unter der zart mit der Spitzfeder gezeichneten klassizistischen Unger-Fraktur steht das Wort »Direktor« aus der Schrift Jenson, einer mit der Breitfeder geschriebenen frühen Renaissance-Type. Rechts unten die Adresse ist viel zu dunkel in der amerikanischen Serifenlosen aus der Zeit um 1900, die man mit einer Feder gar nicht schreiben könnte. Drei Schreibwerkzeuge, das ist eines zu viel, und zwar eine der beiden Federn. Spitzfeder und Breitfeder unterscheiden sich zu undeutlich, um eine gute Kombination zu ergeben.

Die Zahl der miteinander um Aufmerksamkeit konkurrierenden Schriften ist zu verringern. Die Karte könnte dann so aussehen:

Ruben Fuchskauz

DIREKTOR

Gertrudeweg 12
87654 Rostock

Der zarten klassizistischen Unger-Fraktur wurde die ebenso feine klassizistische Walbaum-Antiqua beigesellt. Beide zeigen einen ähnlichen Gegensatz zwischen kräftigen und Haarstrichen, der sie miteinander harmonieren läßt.

Zur Schrift Jenson des Wortes »Direktor«, aber nicht der

kursiven, würde eine Fraktur besser passen, die ebenfalls mit der Breitfeder geschrieben wurde, beispielsweise die Zentenar-Fraktur:

Ruben Fuchskauz
DIREKTOR

Nun meint Herr Fuchskauz, die Stilechtheit sei gut und schön, aber er wolle weder eine Karte, die wie 1800 gedruckt aussehe, noch eine aus irgendeinem anderen Jahrhundert außer dem, in welchem er lebe. Aber auf eine Fraktur möchte er nicht verzichten.

Wenn sich Schriften auf mehr als eine Art unterscheiden, also nicht nur durch das Schreibwerkzeug, treten die Gegensätze deutlicher zutage. Auf der nächsten Karte zeigen sich viele Kontraste: verschnörkelte Renaissance-Fraktur zu schlichter Serifenloser, kräftig und groß zu mager und klein; und druckte man den Namen in einem dunklen Rot, wäre ein weiterer Gegensatz hinzugefügt.

Ruben Fuchskauz

DIREKTOR
Gertrudeweg 12
87654 Rostock

Für einen konventionellen Schriftsatz gebrochener Schriften, seien es gotische, renaissance-artige, barocke oder klassizistische, muß ein umfangreiches Regelwerk berücksichtigt werden, das die Anwendung von Ligaturen (Buchstabenverbindungen), die Auszeichnungen (es gibt keine kursiven und kaum fette), Abkürzungen, Trennungen und die s-Schreibung vorschreibt. Deshalb sollte die Satzherstellung in die Hand eines Typografen gegeben werden.

Diese Beispiele genügen, um zu zeigen, wieviel es zu bedenken gilt, wenn Schrift angewendet wird. Auf Schriftauswahl, Schriftmischung, Anordnung und gut lesbaren Satz kommt es an, wenn eine gute Visitenkarte entstehen soll.

Wenden wir uns noch einmal vom Speziellen zum Allgemeinen. Nicht nur Magazine, selbst Tageszeitungen unterhalten heute Stilkolumnen. Aber dort wird wenig über Stil- und Geschmacksfragen gesprochen, vielmehr handelt es sich meist um Angelegenheiten der Moden von Kleidung oder Inneneinrichtung. Klare, strenge Geschmacksurteile, durch Begründungen und Argumente gestützt, könnten hingegen in der Sache bilden und eine kritische Auseinandersetzung ermöglichen sowie interessante Abweichungen provozieren. Denn wo alles erlaubt ist, ist auch alles gleichgültig. Wenn ältere Modezaren auftreten, bereiten ihre energisch vorgebrachten Meinungen außerdem so viel Vergnügen, daß man ihnen gern zuhört. Wie nun könnte ein Interview mit einem etwas unduldsamen Geschmacksdiktaktor für Akzidenzen aussehen?

> »Wenn Sie eine private Visitenkarte entwerfen würden, die von nichts anderem als dem guten Geschmack ihres Besitzers zeugen soll, wie würde sie aussehen?«
>
> »In welchem Land soll Ihre Karte gedruckt werden?«
>
> »Hier bei uns.«

»Der Name aus gewöhnlicher Garamond 10 Punkt in Versalien oder 12 bis 14 Punkt gemischter Schreibweise, der Titel darunter in 8 Punkt gemischter Schreibweise in gerade oder kursiv oder in 6 Punkt Versalien, das hängt alles von den Längen und den sich aus einzelnen Buchstaben ergebenden Wortbildern ab. Darunter im Fuß der Karte ein- oder, wenn es nötig ist, mehrzeilig, die Adresse in 8 Punkt gewöhnlicher Garamond. Alles auf Mitte gestellt, der obere Teil auf optische Mitte des Weißraums oberhalb der Fußzeile. Querformat; das Hochformat kann bei viel Text und kurzem Namen erwogen werden, weil im Hochformat eine größere Textmenge gefälliger unterzubringen ist. Querformatproportion eins zu zwei, Hochformat im Goldenen Schnitt, also etwa fünf zu acht. Schrift schwarz, Papier gebrochenes Weiß, matt.«

»So einfach ist das?«

»Nein. Es muß in den Details genau ausgearbeitet werden. Und es gibt viele Details.«

»Aber Ihre wie aus der Pistole geschossene Antwort hinsichtlich Schrift, Farbe, Format hört sich an, als sei diese Karte gewissermaßen gesetzmäßig abzuleiten.«

»Auf eine so allgemeine Frage wie Ihre kann ich nur mit einem Entwurf antworten, der jeder Geschmacksentgleisung in völliger Sicherheit ausweicht. Zweifellos kann man diese Art Rezept noch in etlichen Varianten ausführen. Aber es handelt sich bei diesem Entwurf nicht um einen originellen oder im mindesten riskanten.«

»Woher nehmen Sie Ihre geradezu verblüffende Gewißheit?«

»Ich lasse mich bei diesem Beispiel vom guten Geschmack leiten, dem ich mich widerstandslos unterwerfe.«

»Was ist guter Geschmack?«

»Ein handwerkliches Erzeugnis guten Geschmacks erfüllt erstens auf vollendete Weise seine Funktion und zeichnet sich zweitens dadurch aus, daß es in einer bestimmten Zeit und einer bestimmten Kultur in den besten Kreisen, in der besten Gesellschaft unauffällig ist.«

»Die beste Gesellschaft, die besten Kreise, ist das nicht etwas abgehoben? Paßt das in unsere Demokratie oder ist das elitär?«

»Wer Scheu davor hat, Eliten anzuerkennen, ist ständig auf seine schwankenden persönlichen Vorlieben angewiesen und muß damit rechnen, sich lächerlich zu machen oder peinlich zu wirken. Ich sprach ja von Unterwerfung der eigenen Vorlieben, von Zügelung und Disziplin, von der Unterdrückung modischer Ideen, die mir durchaus nicht fremd sind. Auch eine moderne Geschäftskarte kann geschmackvoll gemacht sein, nur kommen dafür andere Kriterien in Betracht, wie zum Beispiel die werbende Wirkung, die Besonderheit, das Auffällige. Aber eben kaum das Persönliche.«

»Woran erkennen Sie die beste Gesellschaft?«

»Man ist gewiß auf Vermutungen angewiesen, aber nicht vollkommen haltlos. Stellen Sie sich vor, ein hoher Repräsentant Ihres Staatswesens oder einer der führenden Denker Ihres Landes übergibt Ihnen seine Visitenkarte. Würde es Sie nicht überraschen, wenn Sie auf der Karte ein buntes Blümchen vorfänden oder gar eine Visitenkarte aus Sperrholz überreicht bekämen, auf der die gefräste Telefonnummer nicht zu entziffern ist? Sie würden schon einem Rechtsanwalt mit so einer Karte keine Vollmacht erteilen, sofern er nicht als Genie auf seinem Gebiet bekannt ist. Es gibt also Kriterien, die es sich bewußt zu machen gilt.«

»Sie haben die Visitenkarte, nach der ich Sie fragte, sehr genau beschrieben. Wie wenden Sie Ihr Geschmackspostulat im Hinblick auf die Schrift an?«

»Kaum etwas verändert sich so wenig wie Gebrauchsschriften. Die unauffälligste Schrift ist jene, die seit Jahrhunderten, wenn auch mit längeren Unterbrechungen, verwendet wird: die Renaissance-Antiqua.

Ob Sie nun eine Garamond oder eine Bembo oder eine neuere Interpretation wie Sabon, Arno oder Minion verwenden, darf durchaus nach persönlicher Vorliebe entschieden werden. Die Schrift soll nur nicht fett gesetzt werden. Der fette Schnitt der Renaissance-Antiqua ist ein Unfall aus der Welt der Reklame und hat in persönlichen Dokumenten keine Berechtigung. Ein fett gesetzter Name schreit gewissermaßen, und Lautstärke ist der Kunst vorbehalten. Außerhalb der Kunst ist sie ein Zeichen für mangelnden Geschmack und Eitelkeit – oder eben Reklame.

Es ist übrigens eine Handwerksregel für Drucker im 20. Jahrhundert gewesen, Namen auf persönlichen Drucksachen niemals fett zu setzen. Konventionen erleichtern das Schaffen geschmackvoller Arbeiten.«

»Aber die hohe Qualität Ihrer Visitenkarte ist für den Laien gar nicht feststellbar – oder? Ist guter Geschmack in Ihrer Lesart nicht etwas langweilig?«

»Qualitätsbewußtsein erfordert Kennerschaft. Kennerschaft befähigt zum Genuß des Einfachen. Adolf Loos hat dazu gesagt: ›Jede handwerkliche Leistung ist Kopie aus vergangener Zeit, ob sie nun einen Monat oder ein Jahrhundert alt ist. Nur jeder Narr verlangt nach seiner eigenen Kappe.‹

Für den Kenner kann man in Details auch von der oben beschriebenen Gestalt der Karte abweichen. Ich gebe Ihnen ein paar Beispiele: Verwenden Sie eine klassizistische Type statt der Garamond oder Bembo, die altertümlich wirkt, obwohl sie viel jünger ist, können Sie damit einen Hinweis auf Ihre Vorliebe für alte Stiche geben oder für die Goethezeit oder die Wissenschaft, weil es sich um eine Schöpfung aus der Zeit der Aufklärung handelt.

Mit einer Caslon zeigen Sie dem Kenner Ihre anglophilen Neigungen. Oder eben einfach nur ein wenig persönliche Abweichung von der Konvention, die aber immer noch sicher im Rahmen des guten Geschmacks liegt.

Heikel werden stärkere Eigenheiten, beispielsweise in der Papierfarbe. Es ist zwar nicht geschmacklos, einen blau getönten Karton zu verwenden, aber würde ein Regierungsmitglied das tun? Auch eine serifenlose Schrift des 20. Jahrhunderts wäre als Zugeständnis an die eigenen Vorlieben zu sehen, ebenso übrigens eine Schreibschrift oder eine Fraktur. Guter Geschmack ist unpersönlich.«

EGON SPECHT

EGON SPECHT Weißensee, den

Egon Specht
Meyerbeerengäßchen 62
Weißensee

Briefe sind nicht nur Nachrichten; das knisternde Kuvert und das raschelnde Blatt, sodann die Form der Handschrift oder der schön gesetzten Worte teilen sich mit, noch bevor man eine Zeile gelesen hat. Private Postsendungen bekommt aber nur, wer selbst Briefe schreibt. Sonst bleibt der Briefkasten hungrig oder wird gefüllt mit dem, was Sparsamkeit und rationelle Technik zustande bringen – unübersichtliche Rechnungen mit zu klein gedruckten Kontonummern. Gelegentlich Behördenbriefe mit zu langen und zu eng gesetzten Zeilen, die auch ohne Unterschrift gültig sind, und, wenn man sie nicht fernhält, Reklame in nicht enden wollendem Schwalle.

Wir unterscheiden geschäftliche und private Briefe. Der geschäftliche Brief muß einige Bedingungen der Handelsgesetze erfüllen: die Rechtsform des Unternehmens nennen und seinen Sitz sowie fiskalische Angaben.

Auf dem privaten Briefbogen sind alle Entwurfsfreiheiten gegeben. Ein konventioneller privater Briefbogen ist mit dem Namen bedruckt, vielleicht sogar nur mit einem Monogramm oder einem Wappen in einer Blindprägung. Er bedarf keiner Adresse, Telefonnummer, Bankverbindung und der für geschäftliche Zwecke vorgeschriebenen Angaben. Als Privatier kann man sich für seine geschäftliche Post überlegen, ob man einen Teil der Briefbogen mit diesen Angaben ausstatten läßt oder sie bei Bedarf selbst hinzufügt.

Wie wird ein Briefbogen aufgebaut?

Der Name sollte oben stehen. Wenn der Kopfbogen auch für geschäftliche Post verwendet wird, setzt man den Namen besser in die Mitte oder nach rechts. Steht er oben links, kann er beim Abheften im Heftbund verschwinden und ist beim Blättern nicht so leicht zu sehen.

Wird der Briefkopf in die Mitte plaziert, sollte man kein Kuvert verwenden, für welches der Bogen im Kreuzbruch, also einmal quer und einmal lang, gefalzt wird, damit der Falz nicht durch den Kopf hindurchführt. Für das Kuvert im Format DIN Lang wird der Bogen zum Leporello gefalzt, dadurch kommt das obere beschriftete Drittel nach außen, oder er wird gewickelt. Für den genauen Falz auf Drittel braucht man entweder ein gutes Augenmaß oder läßt sich vom Drucker eine Falzmarkierung einsetzen. Das sollte kein langer Strich sein wie in amtlicher Post. Besser ist ein winziger Punkt, den der Absender sieht, ohne daß er dem Empfänger als unschönes technisches Hilfsmittel ins Auge sticht.

Die Adresse und weitere Angaben können in einer schmalen Spalte an den rechten Rand gestellt werden oder in den Fuß.

Für den geschäftlichen Briefverkehr wird in Deutschland das Format DIN A4 (210 zu 297 mm) verwendet. In privaten Briefen kann man davon abweichen, sofern man ein passendes Kuvertformat verwendet. Bevor man sich also für ein individuelles Bogenformat entscheidet, wäre ein geeignetes Kuvert zu finden.

Neben individuellen Formaten einiger Feinpapierhersteller werden gelegentlich noch zwei alte Kuvertgrößen angeboten, in die ein eigens zugeschnittener Briefbogen paßt.

Selten geworden ist das früher so genannte Damenformat mit den ungefähren Maßen 95 zu 178 oder 97 zu 182 mm. Der dazu passende Briefbogen kann in Drittel gefalzt werden und hätte dann etwa die Größe 170 zu 270 mm.

Eine andere Kuvertgröße, die noch häufiger angeboten wird, hat das Diplomatenformat in ungefähr 120 zu 180 mm Ein in dieses Kuvert passender Bogen wird einmal in der Mitte gefalzt und hat ungefähr ein Maß von 170 zu 220 mm.

Der Bogen sollte immer zehn Millimeter schmaler als das Kuvert sein und nach dem Falzen fünf Millimeter niedriger, damit er ohne zu sperren leicht eingelegt werden kann.

Gefütterte Kuverts aus kleineren Papierfabriken werden nie millimetergenau ausgeliefert, die Größen können von den Standards abweichen.

Des weiteren bieten Papierhändler auch kleinere Formate an bis hin zu Briefen, die auf eine Handfläche passen. Bevor man diese verwendet, prüfe man die Bestimmungen der Post, welche Formate zu welchem Porto befördert werden.

Zu den Druckschriften ist in den Kapiteln über Schrift und zu ihrer Anwendung im Kapitel über Visitenkarten schon vieles, aber noch nicht alles gesagt worden. Beim Briefbogen bekommen wir es mit einer zweiten Schrift zu tun, denn niemand verschickt Briefe nur mit einem eingedruckten Kopf. Die Form des Textes sollte zur vorgedruckten Schrift passen, um zu einem stimmigen Bild zu gelangen.

Ob der Brief von Hand geschrieben wird oder mit dem Computer, die Schriften des Vordrucks und der Beschriftung müssen sich deutlich voneinander unterscheiden. Verwendet man beispielsweise im gedruckten Kopf einen kalligrafierten Schriftzug, kann die eigene Handschrift darunter allein durch die unterschiedlichen Stile fürchterlich aussehen, ebenso wäre selbst eine schöne digitale Schreibschrift ein empfindlicher Fehltritt. Im folgenden Beispiel für eine falsche Schriftmischung ist der Name aus der Schrift Gracia und der Text aus Poppl-Exquisit gesetzt.

Hyazinthus Schnauff

Geliebte Bertade!
Deine – Oh! – herzensbrechende, augenblendende, lendenlähmende Schönheit raubt mir den für meinen Bürojob total wichtigen Schlaf, weshalb ich mich nicht mehr eines förmlichen Heiratsantrages enthalten kann. Bitte nenne mir einen Termin, zu dem ich bei Deinen zutiefst verehrten Erzeugern um Deine Hand anzuhalten ich mich als vorgeladen betrachten darf. Wann soll ich an Eurer Türe bimmeln?
Mit freundlichen Grüßen,
Dein Hyazinthus

Schreibschriften schließen einander aber nicht grundsätzlich aus. Wer von Hand eine eckige, eher flache und charakteristische Schrift ohne Schlaufen und Schwünge schreibt, kann auf dem Briefbogen durchaus eine kalligrafisch verschlungene Schreibschrift in den Kopf drucken lassen.

Die Kombination von für sich genommen guten und dazu gut gesetzten Druckschriften (im nächsten Beispiel sind es Baskerville und Jenson) bewirkt visuelle Reize, die mit einer anhaltenden Disharmonie vergleichbar sind. Auf den ersten Blick sind die Unterschiede zwischen beiden Schriften gering, und gerade dadurch ergibt sich ein gewissermaßen flimmerndes Bild – wie beim Zusammenspiel zweier nicht aufeinander abgestimmter Instrumente.

SIGMUNT HARM GRAF GEBIZO

Sehr geehrter Herr Gramolke,

hiermit bestätige ich den Eingang Ihres abstrusen Beschwerdewisches über meinen auf Ihr von Ihnen Grundstück genanntes lächerliches Erdfleckchen hinüberragenden Walnußbaum, von dem Sie nicht wissen, daß ihn mein Urgroßvater Seifryd Holger Graf Gebizo zu Zeiten gesetzt hat, aus welchjenigen Ihrem unwürdigen Geschlechte nicht einmal mehr ein kümmerlicher Kirchbucheintrag geblieben ist. Nun aber werde ich

Die unterschiedlichen Proportionen der Buchstaben, namentlich das schmale »H« der Baskerville im Namen und jenes breite der Jenson im Text, die grazil eingerundeten »S« und »G« oben und die stabileren unten bilden eine unschöne Dissonanz. Das »O« der Baskerville zeigt eine lotrechte Achse, jene der Jenson ist deutlich nach links geneigt. Dagegen sind die Unterschiede in den Strichstärken beider Schriften ähnlich.

Die Schriftunterschiede müssen für ein gutes Bild deutlich sein. Zur Anglaise auf dem Bogen von Hyazinthus Schnauff würde eine klassizistische Schrift wie die Walbaum gut passen, weil sie die starken Fett-fein-Kontraste aufnimmt, aber ein deutliches Gegenbild bietet. In dieser Mischung würde die Namenszeile im Kopf wie eine schmückende Überschrift wirken:

> *Hyazinthus Schnauff*
>
> Geliebte Bertade!
>
> Deine – Oh! – herzensbrechende, augenblendende, lendenlähmende Schönheit raubt mir den für meinen Bürojob total wichtigen Schlaf, weshalb ich mich nicht mehr eines förmlichen Heiratsantrages enthalten kann.

Zur Baskerville im Bogen von Graf Gebizo wäre dieselbe Schrift für den Text denkbar, dann freilich nicht in Kapitälchen gesetzt, sondern im gewöhnlichen Schnitt oder, den Gegensatz verstärkend und freundlicher, im kursiven Schnitt.

> SIGMUNT HARM GRAF GEBIZO
>
> *Sehr geehrter Herr Gramolke,*
>
> *hiermit bestätige ich den Eingang Ihres abstrusen Beschwerdewisches über meinen auf Ihr von Ihnen Grundstück genanntes lächerliches Erdfleckchen hinüberragenden Walnußbaum, von dem Sie nicht wissen, daß*

Diese Hinweise beziehen sich auf das Schreiben von Briefen mit dem Computer. Aber Texte aus Satzschriften müssen für gute Lesbarkeit und ein schönes Bild gesetzt werden wie Werksatz in Büchern: mit breiten Rändern, damit die Zeilen nicht zu lang werden, die Schrift selbst nicht zu eng und nicht zu weit gesetzt, mit den richtigen Wortzwischenräumen und mit dem für die Satzbreite nötigen Zeilenabstand, so daß sich ein Bild aus gleichmäßigen Bändern von Buchstaben ergibt, die angenehm und leicht lesbar sind.

Nun ließe sich gegen solche Briefe einwenden, daß sie gar zu schön seien, nicht mehr wie eigentliche Briefe aussähen, sondern wie bibliophile Gaben. Um diesem Einwand zu begegnen und sich der Aufgabe zu entledigen, für Briefe den typografischen Aufwand wie für Buchseiten zu betreiben, verwenden manche Designer eine Schrift, die für den Satz in Büchern nie verwendet wird, abgesehen von experimentellen und künstlerischen Werken: die der Schreibmaschine.

Emilie Bockl

DESWEGES 17
8224 PNÜM

Pnüm, den 7. Mai 2017

Mein lieber Zendelwald,

für meine von niemandem als mir selbst, Deiner noch im hohen Alter eigensüchtigen Mutter, kräftiger bedauerte ungeheuerliche Entgleisung bitte ich Dich reuig um Verzeihung. Es war sehr eigennützig gedacht, Dich darum anzugehen, von der Zusendung Deiner Wäschepakete abzusehen, nur weil ich einen Gehstock benützen muß. Fortan

Alle ihre Buchstaben nehmen den gleichen Raum in der Breite ein, Satzzeichen wie die auch *Guillemets* genannten »Gänsefüßchen« gibt es nicht. Überhaupt müssen Satzzeichen typografisch nicht beachtet werden: Den Unterschied zwischen dem langen – Gedankenstrich und dem kurzen - Divis (Trennstrich) kennt die Schreibmaschine beispielsweise nicht. Es gibt auch keine kursiven und fetten Typen. Man kann mit einer Schreibmaschinenschrift nichts falsch machen, weil es keine Satzschrift ist.

Der Brieftext sollte nicht wie der Textblock einer Buchseite gesetzt werden, sondern im Flatter- oder Rauhsatz.

Flattersatz bedeutet, die Zeilen laufen nach rechts ohne Worttrennungen aus, woraus sich rechts ein ungerader, flatternder Rand ergibt. Im Rauhsatz flattern die Zeilen auch nach rechts, aber lange Wörter werden am Zeilenende getrennt.

Blocksatz (auch Glatter Satz genannt) hat links und rechts eine gerade Kante, die sich durch unterschiedliche große Wortabstände bildet. Er wird mit Worttrennungen gesetzt, damit zwischen den Wörtern keine zu großen Abstände entstehen.

Serifenlose und klassizistische Schriften bedürfen für die klare Zeilenbildung eines größeren Zeilenzwischenraumes als eine Renaissance-Antiqua.

Zeilenlänge, Schriftgröße und Zeilenabstände werden aufeinander abgestimmt. Lange Zeilen mit mehr als 70 Zeichen (Leerzeichen werden bei solchen Angaben mitgezählt) brauchen deutlich mehr Abstand, damit der Leser den Blick in der Zeile halten kann und die nächste Zeile unmittelbar findet. Für Texte im Blocksatz kann man sich nach den Maßgaben der Buchtypografie richten. In gut gesetzten belletristischen Büchern stehen etwa 60 Zeichen in einer Zeile.

Diese Einstellungen, also die Breite der Zeilen, die Wortzwischenräume und Zeilenabstände, kann man vom Typografen festlegen lassen, wenn man den Entwurf eines Briefbogens in Auftrag gibt. Dazu gehören auch Vorschläge für die Anordnung von Anschrift, Anrede, Brieftext, Grußformel und Unterschrift.

Die meisten Briefe werden auf dem Papierformat DIN A4 geschrieben. Für den Entwurf ist die Falzung des Bogens zu beachten. Wenn er gedrittelt wird für ein Kuvert im Format DIN lang (110 zu 220 mm), könnte das erste Drittel der Anschrift und dem Datum vorbehalten werden. Unter dem Falz beginnt der Brief mit der Anrede. Damit der Anfang eines neuen Absatzes auch dann erkannt wird, wenn die letzte Zeile des vorhergehenden lang ist, wird jeder neue Absatz etwas eingezogen. Auch hier kann man sich nach den Regeln der Buchtypografie richten, der Einzug ist ein Geviert groß, also so breit wie die Zeile hoch ist. Bei der Schreibmaschinenschrift sind drei Anschläge besser.

Welche Farben kommen für den Vordruck des Briefbogens in Frage? Schwarze Druckfarbe ist immer richtig. So kann der Brief für jeden Anlaß, auch sensible wie Kondolenzschreiben, verwendet werden. Besser ist es allerdings, keinen vorgedruckten Bogen für Kondolenzbriefe zu verwenden, sondern gutes weißes Briefpapier von Hand zu beschriften.

Ein Brief mit schwarzem Vordruck kann mit fast jeder farbigen Tinte beschriftet werden und bietet dadurch vielfältige Möglichkeiten, dem Anlaß gerecht zu werden.

Bunte Farben im Vordruck verlangen eine genaue Abstimmung mit der Farbe des Brieftextes. Ähnliche Farben sind zu vermeiden, weil sie zusammen einen Mißklang erzeugen, »sich beißen« können, etwa ein blauer Vordruck mit der Beschriftung in blauer Tinte. Zu einem blauen Vordruck wird besser schwarze oder graue Tinte verwendet oder auch braune. Wenn die Buntfarben nicht zu hell sind, wirken sie noch angenehm lebhaft.

Wer nicht nur Briefe schreiben, sondern gelegentlich auch kurze Mitteilungen stilvoll zu Papier bringen möchte, etwa als Beifügung zu Unterlagen oder Geschenken, dem sei die Briefkarte empfohlen: ein Stück Karton in Postkartengröße (148 zu 105 mm, DIN A6), das im Kuvert versandt wird. Wer eine große Handschrift hat oder seine Post auffallen zu lassen wünscht, dem sei zum Diplomatenformat (siehe Seite 78) geraten. Ebenso normabweichend und hübsch sind auch kleine Formate wie das Damenformat oder noch kleinere. Romantiker erfreuen sich vielleicht an ganz kleinen Karten in kleinen Kuverts, das klassische *Billet,* das im Ärmelaufschlag verschwinden kann. Ist die gesamte Korrespondenzausstattung für geschäftsübliche Formate eingerichtet, kann eine Karte in der Größe 105 zu 210 mm für das lange Kuvertformat verwendet werden.

Auf der Briefkarte steht der Name oben in der Mitte oder oben links oder rechts. Steht der Name links, kann man rechts den Ort mit einem Komma drucken lassen und mit etwas Raum für das handgeschriebene Datum.

Vor der Wahl der Druckschrift sollte man auf Entwürfe probehalber mit eigener Hand schreiben. Zu den meisten Handschriften bildet ein aus Versalien gesetzter Namenszug den schönsten Kontrast. Für die Druckfarbe gilt das für Briefbogen Gesagte.

Auch ein Wappen, ein Signet, eine Marke, ein Monogramm oder Schmuckzeichen können verwendet werden. Umrandungen sind nicht ratsam, weil sie an die Beschriftung zu hohe Ansprüche stellen – die Kurznachricht ist keine Urkunde.

Kommen Ornamente zum Einsatz, so ist auf ihr Verhältnis zur gedruckten Schrift zu achten. Diese Renaissance-Ornamente stehen zur klassizistischen Schrift wegen ihrer Symmetrie und Zartheit gar nicht schlecht:

ORNAMENTE ZUR
WALBAUM

Im Zeichenvorrat der hier verwendeten Textschrift Arno befinden sich einige Schmuckzeichen, eigens für diese Schrift gezeichnet, etwa zeitgemäße Varianten des nach dem venezianischen Buchdrucker Aldus Manutius (1449–1515) benannten Aldus-Blattes: ❦ ❧ Zu einer klassizistischen Type wie der Walbaum würde dieses Renaissance-Zeichen weniger gut passen. Die harten klassizistischen Schriften mit dem unvermittelten Gegensatz zwischen Grund- und Haarlinien bedürfen strengerer Ornamente wie die oben gezeigten. Eine kursive Caslon wiederum steht gut zu etwas weicheren und rundlichen Zeichen wie diesen:

Wenn zum Figurensatz der Schrift keine Schmuckzeichen gehören, so schaue man sich nur bei stilähnlichen Schriften nach Ergänzung um oder verwende Ziersätze, die zur Satzschrift passen. Man achte auf die Merkmale, wie sie in den Abschnitten über Schriften dargestellt wurden, namentlich auf die sichtbaren Spuren der Zeichen- und Schreibwerkzeuge wie Spitz- oder Breitfeder, Stichel, Pinsel.

Aber auch eine einfache Linie, vielleicht in einer auffälligen Farbe, kann schon schmücken. Selbst fette Buchstaben können zu ornamentalem Schmuck werden:

Möchte man Schrift zur ornamentalen Linie verarbeiten, genügt die Wiederholung mit ein paar Varianten. Die obere »Linie« besteht aus mehrfach gedrehtem und gespiegeltem B der Schrift »Information«, einer serifenlosen Type im extrafetten Schnitt. Aus der Caslon ist diese X-Linie gesetzt:

xXxXxXxXxXxXxXxXxXxXxXxXxXxXxXxXx

Und so lassen sich fast alle Buchstaben, auch aus Schreib- und Zierschriften, durch Wiederholung zum Ornament machen.

Sogar Bilder lassen sich mit Buchstaben erstellen. Unter Typografie-Studenten ist das eine beliebte Übung. Aus vier »A« und einem kleinen »i« der Bodoni entsteht im Handumdrehen eine Windmühle, ohne das »i« ein Stern:

Wird mit einer Schmuckfarbe gearbeitet, so sollte sie nur einen Akzent bilden. Ein einzelnes kleines rotes Zeichen ist viel wirkungsvoller als zwei davon, selbst wenn es nur eine kurze Linie oder ein einzelner Buchstabe ist.

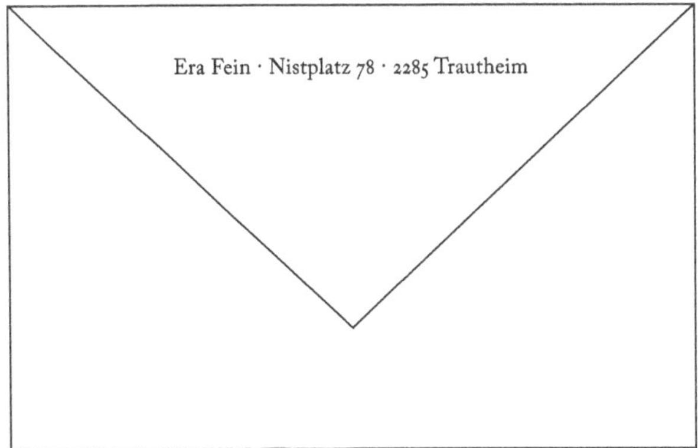

Auf dem Kuvert der Privatpost macht sich der Absender auf der Klappe in einer oder mehreren kleinen Zeilen am schönsten. Auch hier kann ein Ornament hinzugefügt werden.

Beschriftet wird das Kuvert von Hand, nur geschäftliche Post bekommt einen digital erzeugten Aufdruck oder ein Etikett. Es gibt inzwischen Unternehmen, die ihre Reklame von Hand beschriftet versenden, weil das die positive Erwartung steigert oder Briefe nur so nicht ungeöffnet im Papierkorb landen. Dieser Trick führt aber in eine Enttäuschung (»Nur Werbung!«) und weckt letztlich ein Mißtrauen gegen privat aussehende Korrespondenz.

Bewohnen die Korrespondenten ein Haus für sich statt eines Mehrfamilienhauses, genügen als Absender Straße und Ort; so könnte das namenlose Hausbriefpapier mit dem Kuvert allen Bewohnern und sogar Gästen zur Verfügung gestellt werden.

Wenn der private Brief nicht mit dem Computer, sondern von Hand geschrieben wird, teilt er durch seine Form etwas anderes mit. Ob mit Streichungen und Korrekturen versehen oder sauber abgeschrieben, ob mit Marginalien (Randnotizen) oder kleinen Zeichnungen ergänzt, ob von Tränen oder Rotwein benetzt – der handgemachte Brief beschenkt seinen Empfänger durch »analoge« Lebenszeichen viel eher mit sichtbarer Zuwendung als das digitale Korrespondenz-Produkt.

Familienanzeigen aller Art wurden über Jahrhunderte von Druckereien angefertigt. Als man seine Kleider noch schneidern ließ, seine Schuhe nähen, seine Möbel schreinern, gab man auch die Mitteilungen, die aus dem innersten Kreis der Familie von Glück und Freude, von Trauer und Schmerz kündeten, die Geburts-, Tauf- und Vermählungsanzeigen, die Trauerbotschaften und die Einladungen als eine Art festlichen Brief bei einer Druckerei in Auftrag.

Noch vor wenigen Jahrzehnten gab es für Familiendrucksachen nur eine begrenzte Anzahl konventioneller Entwürfe, mehr oder weniger beschwingt durch die Wirkung der verwendeten Schriften und ein paar grafische Motive. Konventionell schlicht entworfene Einladungen zur Hochzeit werden auch heute noch in Auftrag gegeben, aber viele Brautleute wünschen sich etwas Ausgefallenes.

Auch die Art, Hochzeit zu halten, hat sich gewandelt. Der *Wedding Planner* (Hochzeitsberater) ist auf den Plan getreten, um romantische Feiern zu organisieren und überbordende Feste mit Konzerten, Dinners und Bällen. Aber auch kleinere Feste werden anders gefeiert als in früheren Zeiten, weil die Institution der Ehe sich verändert hat. Sie ist heute nicht mehr nur dem Zwecke der Erbfolge und wirtschaftlichen Sicherheit vorbehalten, sondern gründet in der Regel auf Liebe.

Der Wunsch nach dem Besonderen macht die Beratung für Drucksachen aufwendiger, zumal die Vorstellungen darüber, welche Art Ausgefallenheit zum Vorschein kommen soll, weit auseinandergehen. Man findet in Hochzeitseinladungen auch interessante Einfälle, bei denen mancher wünschen könnte, sie hätten vielleicht nicht umgesetzt werden sollen: Drucksachen mit Urlaubsfotos, Abziehbildern, Schleifen und

Trockenblumen. Ich meine jedoch: Egal wie ungeschickt zu einer Hochzeit eingeladen wird – die Freude der Familien und Freunde überstrahlt jede stilistische Unbeholfenheit.

Möge also jedes Paar den eigenen Weg beschreiten. Wer sich aber in der Einladung auf hergebrachte Art ansehnlich darstellen möchte, dem seien im folgenden für die festliche Begleitung in den Ehestand einige Hinweise zu konventionellen Hochzeitsdrucksachen an die Hand gegeben. Für aufwendige Entwürfe würde ich dazu raten, die Dienste eines Grafikers in Anspruch zu nehmen.

Was zeichnet eine konventionelle Hochzeitseinladung aus? Der Entwurf wird auch zur goldenen Hochzeit noch für schön befunden werden, wenn klassische Schriften zum Einsatz kommen, denn modische Schriften werden auch schnell wieder unmodern. Für Angehörige eines nordischen Königshauses druckte ich einmal Einladungen zur Hochzeit, die ebenso 200 Jahre zuvor hätten gedruckt werden können. Gewünscht wurde eine Englische Schreibschrift in Schwarz auf der rechten Innenseite einer großen Klappkarte aus Echt-Bütten in gebrochenem Weiß. Kein Monogramm, kein Herz, keine Trauringe, die erste Seite blieb unbedruckt. Der Anlaß der Einladung war durch diese Zurückhaltung nur dem Text zu entnehmen. Es hätte auch die Einladung zu einem Konzertabend sein können.

Das mag für Leute, die keinem Königshaus angehören und die Eheschließung nicht als zuvörderst politischen Vorgang ansehen, unterkühlt und altertümlich wirken. Es muß für Bürger keine schwarze Schrift auf Echt-Bütten sein. Findet sich ein grafisch gutes Schmuckzeichen oder wird ein Monogramm angefertigt, kann dieses durchaus die erste Seite schmücken. Die linke Innenseite einer Klappkarte sollte leer oder nur mit geringer Textmenge bedruckt bleiben. Der weiße Raum unterstreicht den feierlichen Anlaß.

Werden Informationen zur Organisation für nötig befunden, finden diese auf der linken Seite am Fuß möglichst unauffällig und klein einen geeigneten Platz. Auf die rechte Seite gehört die eigentliche Einladung, hier darf eine gewisse Pracht entfaltet werden. Die rechte Seite wird auch die Aufschlagseite genannt, weil beim Aufschlagen der Blick zuerst auf diese Seite geführt wird. Deshalb stehen auch Buchtitel immer auf der rechten Seite.

Zur Formulierung des Einladungstextes kann ich nur wenige Hinweise geben, hier darf es durchaus sehr persönlich zugehen. Aber je größer und öffentlicher die Hochzeitsgesellschaft, desto weniger privat sollte der Text ausfallen.

Die vollständigen Namen der Brautleute werden in den meisten Fällen genannt, da sich in der Ehe auch zwei Familien, zwei Stammbäume verbinden. Es ist in Deutschland selten geworden, daß die Eltern der Braut einladen, aber gelegentlich kommt es noch vor. Ort, Datum, Uhrzeit sind unabdingbare Angaben.

Neben dem Einladungstext, aus dem hervorgehen sollte, zu welcher Art von Trauung, standesamtlich oder religiös, eingeladen wird, ob zu einer großen Feier oder einem kleinen Empfang, sind Hinweise zur Antwort (R. S. V. P. – *répondez s'il vous plaît* – um Antwort wird gebeten) und zur Kleiderordnung obligatorisch.

Die Rückseite der Einladung bleibt meistens unbedruckt. Informationen zu Anfahrt, Unterbringung und Geschenken sollten gesondert gegeben werden. Das kann mit dem Verweis auf eine Internetseite geschehen oder mit einem schlichten Beilageblatt in passender typografischer Fasson. Dieser Zettel mag dann auch in einer Jackentasche zerknittert werden, während die Einladung selbst unbeschädigt zu Hause aufbewahrt wird.

Für große Hochzeiten werden verschiedene Drucksachen angefertigt: eine Ankündigung (»Save the date«), die Einladung zur Trauung und zum Fest, eine Anzeige für Leute, die nicht eingeladen werden, für kirchliche Hochzeiten ein Kirchenheft mit Programm und Liedtexten, eine Menükarte, die Tischkarten sowie eine Danksagung und für die zu versendenden Drucksachen die passenden Kuverts. Es versteht sich, daß all dies im gleichen Stil gehalten wird. Die Druckkosten sind meistens deutlich niedriger, wenn alle Drucksachen auf einmal in Auftrag gegeben und auch zusammen produziert werden.

save the date · siebter mai zweitausendsechzehn

save the date · siebter mai zweitausendsechzehn

Mit der Ankündigung »Save the date« wird nur frühzeitig das Datum bekanntgegeben, damit sich die Gäste den Tag reservieren können. Hinzugefügt werden können auch ein Ort und der Vermerk »Einladung folgt«. Die Vignette im oberen Entwurf zeichnete Frank Ortmann.

Cleophas und Emerentia

bitten von Herzen zu ihrer Trauung

am 4. Mai 2015 um 12 in der

Herderkirche zu Weimar

und zur abendlichen

Hochzeitsfeier im

Hotel Elephant

CLEOPHAS WEINGART UND EMERENTIA KNILP
AM SCHNECK 4 · 233 339 KATZWASCHEN

Es muß nicht unbedingt eine Klappkarte sein. Zu einer kleineren Hochzeit kann auch mit einer einfachen Karte eingeladen werden. Am schönsten wird die Einladung wohl im konventionellen Buchdruckverfahren mit einer leichten Prägung der Schrift. Da diese Schrift eine schöne Lebhaftigkeit zeigt, bedarf sie kaum einer zweiten Farbe; sie kann in Dunkelgrau, aber auch in jeder anderen nicht zu hellen Farbe gut aussehen. Im Offsetdruck werden kleine Auflagen teuer, preisgünstig können sie im Digitaldruck produziert werden.

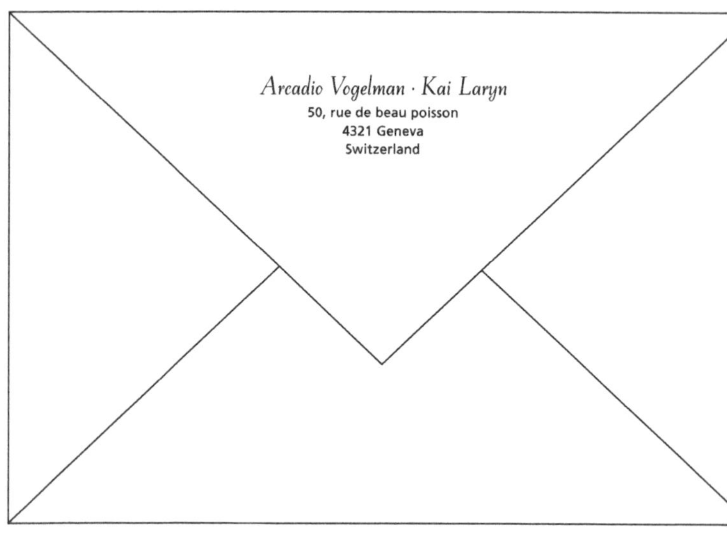

Please join us for a welcome dinner on
Friday evening, 31 May
at 7:30
at The Three Apostles pizzeria
Löwenpfad 2
and for breakfast on
Sunday morning, 33 May
from 9:00 to 11:30
at the Deutscher Bundestag
rooftop restaurant

Arcadio Vogelman and Kai Laryn

request the pleasure of your company at their wedding
on Saturday, 32 May 2014 at 1:30 in the afternoon
at the Rathaus Schöneberg in Berlin

Dinner and dancing at 7:00 in the evening
at the Clärchens Ballhaus Spiegelsaal

R.S.V.P. by 30 February to arcadioandkai@zmail.cam · Further details at www.netz.cam/arcadioandkai/forever

GERENST UND MEHL
PLAUEN

Eine konventionelle Einladung kommt mit sehr wenig Text aus, wenn die Angaben über Uhrzeit und Ort, über Empfänge, Feste und Kleiderordnung ins Internet verlagert oder auf einem eingelegten Zettel vermerkt werden.

Der Name der eingeladenen Person kann handschriftlich eingetragen werden, wofür auch die Dienste eines Kalligrafen in Anspruch genommen werden mögen. Beim Entwurf ist darauf zu achten, daß auch der längste Name auf der Zeile Platz findet, zumal wenn Paare eingeladen werden.

DETAILS SIEHE WWW.MEHLGERENSTWEDDING.DE

Das »&« ist nach den deutschen Satzkonventionen den Kaufleuten vorbehalten (»Josef & Brüder«, »A & B«, »Ursula & Töchter GmbH & Co. KG«). So sieht man es auch an Warenhäusern, in Prospekten und auf Rechnungen. Wer nicht auf das Et-Zeichen verzichten möchte, dem sei eine andere Form als die übliche geschäftsmäßige empfohlen, wie etwa & oder &, wie es sie in vielen Schriften als Alternative gibt. So kann auch das oben abgebildete Et-Zeichen aus der Diotima als Ornament für sich stehen.

SPULLE GERENST UND HILDCHEN MEHL
GEBEN SICH DIE EHRE,

Gisela Gräfin Brzoza

ZU IHRER HOCHZEIT
AM SONNTAG, DEM 24. DEZEMBER 2017,
EINZULADEN

August Johann Leonard
*18. September 2014
3150 g · 50 cm

Sofoklara von Stahl und Fridericus Waldfee · Prinses Juliana 12 · 0692AD Siegmarijk

WIR SIND DANKBAR UND GLÜCKLICH
ÜBER DIE GEBURT UNSERER TOCHTER

HERMINE GRETE SIEGFRIEDA

GEBOREN AM 4. NOVEMBER 2018
IN FRANKFURT AN DER ODER

DR. PIA HAMILTON · ENNO MENDEZ HAMILTON

Voller Freude und Dankbarkeit
geben wir die Geburt unseres Sohnes bekannt

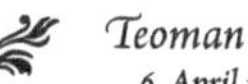

Teoman Wolf
6. April 2017

Oldrich & Menarta Vogel, geb. Storch
mit Erika Larissa

Die Geburtsanzeige gibt nicht nur Nachricht von der Ankunft eines Kindes. Sie trägt auch die Botschaft eines großen Glücks in die Welt. Ihren Empfängern wird ein Stück dieser großen Freude übermittelt. Auch diese Mitteilung spricht so sehr für sich, daß sie zurückhaltend gestaltet werden sollte.

Welcher Text eignet sich für eine Geburtsanzeige? Auf ausformulierte Sätze läßt sich verzichten, wenn ein Name und ein Datum so feierlich präsentiert werden wie im ersten der nebenstehenden Entwürfe. In den Texten der darunterstehenden Beispiele hingegen ist von Glück, Freude und Dankbarkeit die Rede.

Die Länge und das Gewicht des Kindes bedürfen nicht der Erwähnung, diese Angaben mögen durchaus dem engen Familienkreis vorbehalten bleiben.

Auf der Karte oder dem Kuvert sollte der Absender genannt werden, damit Glückwünsche umstandslos adressiert werden können.

Sind die Eltern verheiratet und führen einen Familiennamen, steht namenkundlich korrekt der namengebende Elternteil vorn und der andere mit dem Geburtsnamen an zweiter Stelle. Ältere Geschwister sind nicht Absender der Karte, sollten aber erwähnt werden, um die ganze Familie auf der Annonce abzubilden. Nebenstehendes Beispiel drei zeigt die dafür günstigste Variante der Erwähnung.

Soll ein Sinnspruch, ein Motto, ein schönes Zitat die Anzeige begleiten, so bieten sowohl die schöngeistige Literatur als auch die Bibel Fundgruben. Vielleicht hat jemand in der Familie oder dem Freundeskreis einen geeigneten Zettelkasten? Auch im Internet finden sich Sammlungen von Zitaten, die allerdings immer überprüft werden sollten. Gut geeignet sind Texte aus dem ältesten Buch, beispielsweise Psalme:

Du stellst meine Füße
auf weiten Raum.
Psalm 31,9

Dies ist der Tag, den der HERR macht;
laßt uns freuen und fröhlich an ihm sein.
118,24

Für längere Zitate eignet sich die erste Seite einer Klappkarte:

O es sind heilige Tage,
wo unser Herz zum erstenmale die Schwingen übt,
wo wir, voll schnellen feurigen Wachsthums
dastehn in der herrlichen Welt, wie
die junge Pflanze, wenn sie der
Morgensonne sich aufschließt,
und die kleinen Arme dem
unendlichen Himmel
entgegenstreckt.
HÖLDERLIN

Auch ein scherzhafter Ton kann angeschlagen werden:

Wir sind jetzt
zu viert!

Wird innen auf der linken Seite der Klappkarte ein Foto des Neugeborenen eingefügt, sollten Schriftfarbe und die Farbigkeit der Fotografie aufeinander abgestimmt werden. Ist auf dem Bild beispielsweise ein blaues Tuch zu sehen, muß die Druckfarbe darauf zugerichtet werden, damit sich zwei ähnliche Töne nicht beißen. Die Hautfarbe des Kindes kann auch ungünstig mit einer Schriftfarbe kollidieren.

Über
Johann Josper
7. Januar 2013
freuen sich
Emmi und Otto Katz, geb. Mops
mit Gunter und Helga

Glaßbrennergasse 12
1238 Berlin-Pankow

Für einfache Karten sind Hoch- und Querformat geeignet. Ein grafisches Motiv, wie das von dem Grafikdesigner Frank Ortmann gezeichnete Schaukelpferd, schmückt schlicht, schön und elegant.

Giacomo Lupo · Sharon v. Wolkenheim
geben glücklich die Geburt ihrer Tochter bekannt.
annunciano il lieto evento.

Levinia Romney Windsbraut
19. September 2014
13.48 Uhr

Edelbert Merz
27. April 1902 – 2. Mai 2018

Im Namen der Familie
April Merz, geb. Knarzstadt
Mausratshausen

Eine Anzeige mit der klassizistischen Schrift Didot. Die fett-feine Umrandung nimmt den Strichwechsel von kräftiger Grundlinie und feinem Haarstrich der Schrift auf.

Über diese traurigen Mitteilungen wird ungern gesprochen, es gibt auch wenig Literatur über Todesanzeigen. Zu jenen Auskünften von praktischem Wert gehört ein Kapitel im Buch »Manieren« von Asfa-Wossen Asserate, in welchem er die allein von Hilflosigkeit zeugende Formulierung von Todesanzeigen kritisiert: »Es ist ohnehin fruchtlos, den Tod eines Menschen selbst in das tiefsinnigste Dichterwort fassen zu wollen. Der Tod bleibt ein unversöhnliches Ereignis und ein erschreckendes Memento für die Überlebenden, und diese Tatsache sollte durch keinen Euphemismus beschönigt werden, aber auch als bekannt genug gelten, um nicht noch eigens formuliert werden zu müssen.«

Der Tod wird in Krankenhäusern und Hospizen versteckt. Er soll unseren Alltag nicht eintrüben. Sogar Leichentransporte gehen nahezu unsichtbar vonstatten, um uns in unserem Tagesgeschäft nicht zu stören. Man staunt, wenn man einen Leichenwagen entdeckt – sie tarnen sich als graue Lieferwagen.

Aber wenn Trauer, als wäre sie allen anderen unbekannt, übermäßig dramatisch zur Schau gestellt wird, kann sie schon beinahe falsch wirken. Die Auffassung Ciceros, Philosophieren heiße, Sterben zu lernen, ist nicht verbreitet, weil schon das bloße Sinnieren als nutzlos gilt. Und weil wir in unserem größten Jammer nur Laien sind, erscheint eine Inszenierung mit übertriebenem Dichterwort und langatmiger Formulierung zuweilen sogar etwas peinlich. Wenn die Größe eines Verlustes vermittelt werden soll, erweist sich schöpferische Kraftanstrengung als unnötig.

Asfa-Wossen Asserate empfiehlt eine Art der Todesanzeige, in der sich die Familie um den Verstorbenen herum versammelt. Aber so wie im folgenden ist das sicherlich nicht gemeint: »Unser innig geliebter Ehemann, verehrter Vater und herzensguter Bruder, freundschaftlich verbundener Schwager, splendider Onkel und geschätzter Cousin Major M. Major hat uns am 20. November viel zu früh urplötzlich und völlig unerwartet für immer verlassen.«

Man könnte meinen, ein in Blüte stehender Familienzweig sei durch einen Unfall hinweggerafft worden. Wenn die Rollen, die ein Mensch im Kammerspiel Familie einnahm, erwähnt werden sollen, dann ist die ebenfalls von Afsa-Wossen Asserate empfohlene Lösung besser: den Tod im Namen des Anzeigenden sowie im Namen von Partner, Kindern sowie anderen Verwandten bekanntzugeben.

Die Todesursache wird in Anzeigen nur gelegentlich genannt. Wenn es sich um einen Unfall oder Herzinfarkt handelt, wird von »plötzlich und unerwartet« gesprochen, während Formulierungen wie »sanft entschlafen« und »dahingeschieden« auf einen Tod nach langer Krankheit und in hohem Alter hinweisen.

Danksagungen an Ärzte, Pfleger und Bestatter sollten nicht in die Todesnachricht gesetzt werden. Unpassend, weil zu geschäftsartig, wirkt die Bitte um Spenden »anstelle der zugedachten Kränze und Blumen«, ergänzt von Bankverbindungen entsprechender Vereine, Initiativen, Verbände und Selbsthilfegruppen.

Wird die Anzeige nur an einen kleinen Empfängerkreis versendet und geben die Umstände Anlaß dazu, kann durchaus auch vom Sterben berichtet werden, sofern man die rechten Worte zu finden vermag. In früheren Zeiten war so etwas nicht unüblich. Die Todesnachricht konnte sogar in der Zeitung ausführlich ausfallen. Die »Königlich Privilegirte Berlinische Zeitung von Staats- und gelehrten Sachen« brachte am 30. Juni 1789 folgende Anzeige:

☛ Nachricht. Allen denen, die ich wegen Familienverbindung und Herzensgüte als Freunde hochschätze, mache ich mit inniger Wehmuth eines beklommenen Herzens hierdurch statt schriftlicher Anmeldung bekannt, daß am 11. Juni Abends gegen halb 10 Uhr mein geliebter Gemahl, der Königl. Geheime Etatsminister und Oberstallmeister, auch Generalmajor von der Kavallerie, Herr Friedrich Albert Graf von Schwerin, Ritter des schwarzen Adlerordens und Kommendator der Komthurei Lietzen, nach einer dreitägigen Krankheit an einer Brustentzündung zu Carlsruhe sein thätiges Leben sanft und gelassen beschlossen hat. Wer je bittern Trennungsschmerz bei dem Abschiede geliebter Personen geschmeckt hat, wird es von selbst fühlen, wie sehr mich der Tod eines so geliebten und schätzbaren Mannes betrübt. Unter diesem Schmerz wünsche ich allen, welchen diese Nachricht eigentlich gewidmet ist, lange Schonung von ähnlichen Ereignissen, und versichere zugleich, eine stille Theilnehmung an meinem Schmerz, statt aller schriftlichen Versicherungen davon, dankbar anzunehmen. Bohrau, den 20. Juni 1789.

Verwitwete Gräfin von Schwerin,
geb. Freiin von Maltzan.

Derart weit ausholende Mitteilungen würden heute sehr merkwürdig anmuten. Am besten ist eine Anzeige mit wenig Text, sowohl in der Zeitung als auch in der Postsendung: Wie auf einem Grabstein steht an erster Stelle der Name des Verstorbenen, gefolgt von Geburts- und Todestag, darunter der Name des Anzeigenden, gegebenenfalls mit einer Formel wie »Im Namen der Familie« oder »Im Namen der Angehörigen und Freunde«. In kleinerer Schrift werden im Fuß der Anzeige die Mitteilungen zur Bestattung und zu Beileidsbekundungen untergebracht.

Wie sollte die Todesanzeige aussehen? Bis ungefähr 1990 wurden Trauernachrichten in kleinen Akzidenzdruckereien hergestellt, die es damals häufiger gab als heute die Vervielfältigungsgeschäfte. Um das Jahr 2000 hatten fast alle Bestattungsinstitute die Herstellung von Todesanzeigen ihren Stammdruckereien entzogen, um zur Minderung der Kosten diese Dienstleistung selbst zu übernehmen, weil sie sich mit Computer und dazugehörigem Druckgerät ausreichend gerüstet fühlten und weil der Papierhandel die geeignet erscheinenden Vorlagen für Todesanzeigen zur Verfügung stellte: geränderte Karten, Kreuze, Bouquets in Grau, Sprüche. Die meisten Entwürfe dieser Vordrucke können kaum als gelungen gelten, weil ihr grafischer Aufwand zu hoch ist. Die typografische Qualität des Textsatzes zeigt oft Mängel.

Todesanzeigen werden viel weniger der Mode angepaßt als Familiendrucksachen aus freudigem Anlaß. Im Textsatz stellen sich Todesanzeigen unter allen Familienanzeigen am ehesten konventionell dar, was sicherlich auch daran liegt, daß sie für gewöhnlich älteren Leuten gelten. Aber auch Konventionen ändern sich. Das massive Schwarz in den balkenartigen Umrandungen auch der Kuverts, die sie im 20. Jahrhundert hatten, sieht man nur noch selten.

Asfa-Wossen Asserate erwähnt die Anzeigen des Ordens Pour le Mérite, die in einem recht kleinen Format unter dem Emblem des Ordens nur den Namen des Toten ohne Beiwerk zeigen und jenen des Ordenskanzlers. Nur das beredte Schweigen, aber auch die Pracht einer weißen Fläche auf Karten oder Bogen werden der Größe des Ereignisses typografisch gerecht. Alles andere mindert den Ausdruck. Erhabenheit läßt sich nicht herbeireden, trauernde Ehrenbezeigung lärmt nur beim Militär.

Typografisch kann die Anzeige mißraten, wenn sich die Hinterbliebenen um Aufmerksamkeit bemühen, die im Entwurf der Anzeige sichtbar werden soll. Eine solche Wirkung ist sorgfältig zu bedenken, es besteht die Gefahr der falschen

Interpretation, es kann leicht der Anschein von Eitelkeit erweckt werden, als habe sich der Tod an die falsche Adresse gewandt oder als fühle sich diese Trauergemeinde in besonderer Art getroffen und meine ihr Leid feiner zu empfinden.

Es gibt nur wenige Schriftstile, die einer Todesanzeige Würde verleihen, und noch weniger grafischen Schmuck, abgesehen von religiösen Symbolen, sofern er nicht trivialisiert oder durch mangelnde Qualität die Anzeige ins Lächerliche zieht.

Geeignete Schriften sind die venezianische Antiqua mit den römischen Versalien (Jenson, Bembo) und ihre französischen Nachfolger (Garamond) sowie deren moderne Nachkommen, sofern sie in der traditionellen Form bleiben.

Gustav Maria Habersack

12. MÄRZ 1897 – 2. APRIL 1994

Im Namen der Familie
Trude Habersack,
geb. Langmut

Ebenso passen die klassizistischen Typen Bodoni, Didot, Walbaum (in dieser Reihenfolge nimmt ihre Formenstrenge ab), die auch in fetten Schnitten eingesetzt werden dürfen, anders als die vorgenannten, welche erst um 1900 zu Reklamezwecken fett gezeichnet wurden. Die klassizistischen Schriften brauchen mehr weißen Raum, um ihre feierliche Strenge zu entfalten. (Beispiel auf Seite 104)

Typografisch besonders sorgfältig behandelt werden müssen in diesem Falle die Serifenlosen. Eines fernen Tages wird man sie vielleicht nicht mehr mit dem 20. Jahrhundert und der Industrialisierung, die viel Grobheit mit sich brachte, in Verbindung bringen. Aber für eine gewissermaßen zeitlose Wirkung stehen nur die Vorgenannten, namentlich die römischen Versalien, deren Alter von 2000 Jahren wir nicht bemerken, weil wir sie täglich vor Augen haben und an ihre Form gewöhnt sind.

Ob man für Individualisten, Exzentriker, Künstler besondere Schriften in einer Todesanzeige verwenden sollte, ist fraglich. Zum einen macht der Tod uns alle gleich und fallen auch die meisten Leute, die heute für berühmt gelten, morgen aus den Archiven ins Vergessen. Zum andern bedarf es eines sensiblen Umganges mit der Typografie.

Emi Walpurgis Block
geb. Liebgesang
Architektin
geboren am 1. Mai 1822 in Wien
gestorben am 2. Mai 2002 in Chicago

Ernst Block im Namen der Familie

Begräbnis am 4. September 2002 um 23 Uhr auf dem Wiener Zentralfriedhof, anschließend Trauerfeier

Die Druckfarbe für Todesanzeigen ist Schwarz. Grautöne sollten nicht verwendet werden, wenn ihre Tiefe und Farbigkeit nicht genau festgelegt werden können, etwa wenn die Zeit fehlt, sich mit der Druckerei abzustimmen oder zum Druck direkt an die Druckmaschine zu kommen, um die Farbe gegebenenfalls zu korrigieren. Die Verwendung von Farben ist nur in seltenen Fällen ratsam.

Auch wenn Trauer ein so privates und alles andere in den Hintergrund drängendes Gefühl ist und man niemandem das rituelle Handeln vorgeben sollte, würde ich von grafischen Experimenten abraten. Fotos von Herbstlaub, brennenden Kerzen und dergleichen können leicht als Kitsch gelten, ebenso grafische Motive wie Tauben, das Laub verlierende Bäume, Herzen und Sterne.

Wenn der Platz ausreicht, um Bildsymbole unterzubringen, kommen neben religiösen Zeichen allenfalls traditionelle Motive in Frage wie die von Grabmalen bekannten Mohnkapseln, der Schmetterling oder der Kornährenstrauß mit einer geknickten Ähre wie in dieser Vignette der Künstlerin Astrid Lange:

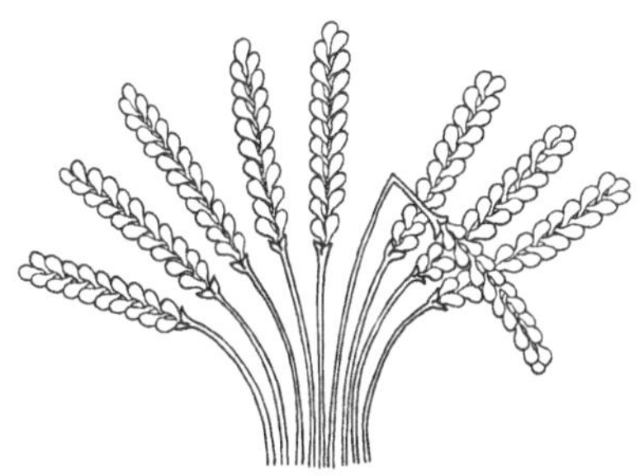

Die Anzeige kann auf eine einfache Karte, auf eine Klappkarte innen rechts oder auf einen DIN-A4-Bogen gedruckt werden. Der Trauerbrief auf dem A4-Bogen wird einmal auf

A5 gefalzt und auf der Seite 1 bedruckt, die Seiten 2 bis 4 bleiben weiß. Beim Entwurf ist darauf zu achten, daß der zweite, für das Kuvert in DIN C6 benötigte Falz nicht durch gedruckten Text verläuft.

Das Kuvert mit schwarzem Rand ist unüblich geworden. Vielleicht will man dem Empfänger nicht schon mit dem Briefumschlag einen Schrecken einjagen? Ist diese Rücksicht falsch? Ist der Schrecken ebenso groß, wenn man aus einem einfachen Kuvert die Todesbotschaft zieht?

Um Trauerbriefe mit einer Kondolenz zu beantworten, werden entweder unbedruckte Briefe und Karten verwendet oder eigens entworfene Karten aus der Papeterie. Für deren Entwurf gilt das oben Gesagte, vor allem hinsichtlich der grafischen Motive.

Unter dem Begriff »Handwerk« versteht man heute vieles. Der Klempner, der mit seinen Händen den verstopften Abfluß in Ordnung bringt, spricht allerdings weniger über seiner Hände Werk als mancher Künstler oder Journalist, die ihre Nägel nur noch im übertragenen Sinn einschlagen. Handwerklich zu arbeiten ist ein Synonym für technische Könnerschaft geworden, für einen Teilaspekt aller möglichen Arbeiten, die an einer Tastatur, am Telefon oder einem Radiomikrofon ausgeübt werden.

Aber nicht nur das Verständnis vom Zusammenhang zwischen Hand und Werk ist aus dem Begriff verdrängt worden. Wenn Kopfarbeiter über Handwerk sprechen und das Befolgen eines Regelwerks meinen, bleiben die tieferen Bedeutungsschichten des Begriffes unberührt.

Einst druckte ich ein Zertifikat für einen Geigenbaumeister. Dieser Mann baute Instrumente nach traditionellen Vorbildern und wollte seinen Werken, an denen er sehr lange arbeitete, auch Urkunden beifügen, in denen ihre Eigenheiten genau beschrieben werden. Es galt ein Formular zu entwerfen und zu drucken, das den historischen Charakter dieser besonderen Instrumente unterstreicht.

Ich habe diesen Vordruck aus einer feinen klassizistischen Type in Bleilettern gesetzt, dazu ein wenig Zierat im Spitzfederzug-Duktus aus der Zeit um 1800. Das Formular wurde mit schwarzer Farbe auf einen rötlichgelben Feinkarton gedruckt. Die Form des Formulars war nach Gegenwartvorstellungen funktional entworfen, und die Ausführung in Schrift und Schmuck, in Farbe und Papier wirkte historisch, um einen zu den Geigen passenden visuellen Klang zu erzeugen.

Gute Typographie erfüllt eine Aufgabe, sie dient einem Sinn. Der Typograf muß fast unterwürfig denken: Wie kommt der Inhalt zum Tragen, der Zweck der Drucksache, und wie bringe ich die Schriftkunst passend, zweckdienlich und so angenehm zur Geltung, daß der Unkundige sie nicht als aufdringlich bemerkt und der Kenner ihrem visuellen Piano mit Vergnügen folgen kann. Der Schriftsetzer, Entwerfer, Typograf verschwendet keinen Gedanken an seinen individuellen Anteil an dieser Arbeit, an seine Handschrift, seinen persönlichen Stil. Er sucht nach objektiven Kriterien für seine Arbeit. Wenn sie ihre Aufgabe auf schöne Weise erfüllt, ist sie gut.

Als der Geigenbaumeister zur Besprechung der Entwürfe in die Werkstatt kam, brachte er noch einen Kollegen mit, einen Bogenbaumeister. Und als wir drei da so standen, alle in den besten Jahren des Handwerkens und Wirkens, jeder an seiner Stelle in seinem Fach, da beschlich mich eine Ahnung davon, was das Handwerk einmal für eine herrliche Macht gewesen sein muß, und zwar nicht in Hinsicht auf Zünfte und Kammern, sondern durch das Gefühl von Könnerschaft, das man teilt, jeder als ein Berufener in seinem Beruf: Es ist die Macht über sich selbst, die gewollte Unterordnung unter technische Vorgaben, überlieferte Gesetze eines Handwerks, das man so lange ausübt, dessen Regeln man sich unterwirft, in dessen feinste Verästelungen man mit den Jahren der Erfahrung vordringt, bis man beginnt, es mit seinem Geist und seinem Körper zu beherrschen und seine zweckgebundene erfüllende Kraft und Schönheit als Diener einer Tradition zu verwalten und umsichtig zu entwickeln.

Dieses Verständnis von Handwerk besteht nur noch als ein Rest, als Luxusinsel im breiten Strom der industriellen Produktion. Wir lebten nicht in gewohntem Wohlstand, wenn nicht Handwerker darüber nachgedacht hätten, wie man die Produktion beschleunigen und verbilligen könnte, damit mehr Leute – und die Handwerker selbst – etwas davon haben. Aber auf den verbliebenen Inseln des zeitlichen Stillstands werden noch für einige Waren die Qualitätsmaßstäbe bestimmt. Die Inselbewohner schließen die gewinnerhöhende technische Rationalisierung aus ihren Überlegungen aus, sie befassen sich ausschließlich mit der Qualität ihrer Werke, solange sie Kunden finden, die den höheren Preis dafür bezahlen möchten.

Einer der Gesichtspunkte, die im heutigen Gebrauch des Handwerkbegriffes in Vergessenheit geraten, ist also die Einbindung der Arbeit in die Geschichte einer Tätigkeit.

Welche räumlichen Perspektiven eine Werkstatt bietet, in der das Handwerk täglich geübt wird, und was daraus folgt, ist mir erst nach vielen Jahren aufgegangen.

Alle Dienstleistungsgespräche folgen aus Sicht des Dienstleisters einer Routine. Ob es Ärzte, Schlosser oder Drucker sind – überraschende Fragen haben sie kaum zu gewärtigen. Diese Gesprächsroutine gibt dem Dienstleister ausreichend Möglichkeiten zur Parallelbeobachtung. Er kann auch noch anderen Gedanken folgen, wenn er über etwas spricht, das er auswendig kennt, über das er schon unzählige Male gesprochen hat.

Während der Drucker also über Papier, Schrift, Prägung, Farbe berichtet, hat er Gelegenheit, seine Besucher zu beobachten. Das ist für Beratungsgespräche wichtig, weil Kommunikation nicht nur mittels Sprache stattfindet, sondern auch über Mimik und Gestik, und weil der Berater aus dem Gesamtbild seines Gesprächspartners Informationen filtert, die in die Beratung einfließen.

Aber selbst das ist schon eine Routine, die nicht die komplette Aufmerksamkeit des Beraters bindet. Man kann nebenher noch den stillen Besuchern zuschauen und ihren Blicken folgen: Gelegentlich bringen Besucher ihre Kinder in meine

Werkstatt mit. Die ganz kleinen liegen in warmen Tüchern und äußern keine Meinung. Manche der älteren finden die Werkstatt und die Erwachsenengespräche wenig interessant und wollen rasch wieder fort. Und manchmal gibt es Kinder, denen steht nach wenigen Augenblicken ins Gesicht geschrieben, wie enorm packend sie dieses Ambiente finden.

Was genau finden sie eigentlich so interessant? Es sind auch die kleinen bleiernen Buchstaben in den Setzkästen, aber dabei handelt es sich um eine eher schwierig aussehende Materie. Winzige Buchstaben haufenweise in Kästen: erscheinen durchaus auch mal ganz interessant, reißen einen aber nicht vom Hocker. Manche Kinder schauen die Werkstatt auf eine Weise an, daß ich mir einbilde, auch ihren Gedankengängen ein wenig folgen zu können. Mir ist aufgefallen, daß ihr Interesse Schauplätzen gilt, die für mich Nebenbilder abgeben. Sie begutachten Orte, die ich gar nicht mehr wahrnehme: die unübersichtlichen Plätze. Materialhaufen. Werkzeugansammlungen. Die größte Attraktivität ist die Unordnung dieser Inseln. Sie verspricht Forschungsgebiete und Unterhaltung. So etwas gibt es in ordentlichen Haushalten nicht. Und offenbar sagt hier niemand diesem Drucker, daß er seine Zimmer mal aufräumen soll. Das sieht nach einem durchaus angenehmen Dasein aus. Manchmal gehen die Kinder vorsichtig herum und schauen, manchmal bleiben sie auf einem Stuhl sitzen und lassen die Bilder auf sich wirken: ein Sack mit Papierschnipseln neben der Schneidemaschine, ein Eimer voller kaputter Bleilettern, eine Kiste mit Holzbrettchen und Schraubzwingen, ein Berg Putzlappen, ein Stapel Papiermuster.

Solche Plätze gibt es heute kaum noch. Früher war das Arbeitsleben der Erwachsenen klarer sichtbar. Es gab mehr Werkstätten und sogar Fabriken mitten in der Stadt, und die auf den Straßen sichtbaren Tätigkeiten waren schmutziger, anstrengender und für Kinder interessanter.

Noch vor 40 Jahren, als ich Kind war, im Ostberliner Arbeiterbezirk Prenzlauer Berg der 1970er Jahre, wurde die Kneipe vis-à-vis unserer Wohnung von Pferdefuhrwerken mit Bierfässern beliefert, die von lederbeschürzten Männern auf einer kleinen Rampe vom Wagen in eine Kellerluke gerollt wurden, während die Pferde einen Hafersack vor die Mäuler gehängt bekamen und ihre Äppel fallen ließen.

Der Gemüsehändler neben der Kneipe hatte einen dreirädrigen Lieferwagen, auf dem er Kartoffeln und Kohl und was es sonst so gab damals transportierte. Auf sogenannten Ameisen, Miniatur-LKW, wurden Briketts ausgefahren und von Männern in Schürzen und mit schwarzgefleckten Gesichtern in die Häuser getragen. Koks wurde einfach auf die Straße gekippt und mit großen Forken in Kellerluken oder auf Schubkarren befördert. Im Keller zündete man Kerzen an, unter dem Staub schimmerte matt grünlich der fluoreszierende Anstrich aus Kriegszeiten, als die Keller auch Luftschutzräume waren.

Jugendliche schraubten auf der Straße an ihren Mopeds, Kinder spielten auf Höfen und Straßen. Sonnabends wurden von Männern auf der Straße Autos gewaschen. Polizisten regelten den Verkehr. Schornsteinfeger waren so schwarz und sahen mit ihren Kugelbesen und Leitern exakt so aus wie in den Kinderbüchern. Bevor Straßenbahnen über Weichen fuhren, mußte der Fahrer aussteigen und sie mit einem riesigen Hebel umlegen.

Eine der wesentlichen Tätigkeiten, bei denen man Erwachsenen heute in der Öffentlichkeit zuschauen kann, ist das Tippen und Wischen auf Bildschirmen. Abgesehen freilich von den Baustellen, auf denen immer noch Menschen dabei anzuschauen sind, wie sie Straßen reparieren, Leitungen verlegen und Häuser bauen.

In einer Werkstatt wie der meinen ist es noch so wie früher: die mechanische Technik sichtbar, der Prozeß durchschaubar. Und das Wunderbare für mich selbst: Wenn ich mich in meiner Werkstatt umschaue und versuche, sie mit den Augen des Kindes zu sehen, das ich selbst einmal war, so ist sie ein ganz wunderbarer Spielplatz mit seiner eigenen Ordnung. Die Versalien werden so eifrig und mit Sorgfalt ausgeglichen, wie früher die Spielzeugautos auf dem Teppich säuberlich parkten. Wo es nötig ist, herrscht gar penible Ordnung. Die Setzkästen sind in Schuß und wohlsortiert, die Stehsatzmenge hält sich in Grenzen, die Regale mit Blindmaterial könnten nicht ordentlicher sein, die Maschinen sind geölt, die Druckfarben übersichtlich gestapelt.

Die Anschaulichkeit dieser Arbeitsräume wirkt sich auch auf die Arbeit aus, weil sie dem Besucher durch die Einblicke gezieltes Fragen ermöglicht. Das unterscheidet die Tätigkeit des Handwerkers von jener des Kopfarbeiters, dessen Wirkungsfeld in Büchern, Manuskripten, Notizen und größtenteils im Computer verborgen ist. Der Handwerker beantwortet aber nicht nur die Fragen seiner Kundschaft, sein Arbeitsraum ist auch für den Kollegen sichtbar, der sofort sieht, mit welchem Qualitätsanspruch, welchem Geist und auf welchem technischen Stand produziert wird.

Traditionsbewußtsein und Einsehbarkeit sind es also, welche die Arbeit des Handwerkers auszeichnen, und diese beiden Aspekte spiegeln sich in den Ergebnissen seines Schaffens wider.

Hat man sich entschlossen, von einem entwerfenden und planenden Handwerker eine Arbeit anfertigen zu lassen, sollte man den Ausführenden damit nicht nur beauftragen, sondern ihn betrauen. Ein Handwerker wünscht sich jedenfalls, daß man ihn nicht nur nach Bequemlichkeit aus dem Branchenverzeichnis geklaubt, sondern ihn mit Bedacht nach Empfehlung oder durch die Referenz seiner Arbeiten ausgesucht hat, weil seine Leistung überzeugt, seine Beratung und seine Fertigkeit. Es gibt freilich auch den Handwerker, dem es gleichgültig ist, woraus man ihn geklaubt hat, sofern man ihn nur bezahlt. Von dieser Sorte Handwerker spreche ich nicht, sondern meine jene, die ihre Arbeit nicht nur als Erwerbsmittel betrachten, sondern die ihr bestenfalls mit einem Eifer nachgehen, der an das selbst- und weltvergessene Spiel von Kindern erinnert. Gerade diese Art von Hingabe, die Außenstehenden vielleicht unverständlich erscheinen mag, zeugt von einer sinnvollen Besessenheit. Handwerker meine ich also, die sich in die von ihren Kunden übertragenen Aufgaben vertiefen, weil sie ihre Arbeit mögen und weil für sie mit jeder Arbeit auch ihr guter Ruf gefestigt wird.

Woran man einen guten Handwerker von jenem unterscheidet, der seine Kompetenz nur vortäuscht, läßt sich nicht leicht sagen. Es gibt den guten Handwerker als Schweigsamen und als Redseligen. Es hat auch immer wieder ausgezeichnete Techniker gegeben, die mit der kaufmännischen Seite ihres Berufes nicht zurechtkamen. Ich hatte einen ausgezeichneten Zahnarzt und habe es sehr bedauert, als er aus wirtschaftlichen Gründen aufgeben mußte. Dieser handwerkliche Meister war ein schwacher Kaufmann.

Soll ein Handwerker auch ein Berater sein? Wenn ich die Redensart vom Kunden als König anwenden möchte – und ich finde durchaus Freude daran, Diener zu sein –, so hoffe ich auf einen klugen König. Ein solcher Monarch schätzt die Beratung seiner Diener. Um es mit Montaigne zu sagen: Er führt, weil er zu folgen versteht. Wer dagegen nur blinden Gehorsam fordert, verhält sich nicht königlich, sondern wie ein Tyrann.

Übertragen auf mein Metier bedeutet das: Der König Kunde schildert für den Entwurf der anzufertigenden Drucksachen seinen Wunsch, gibt Hinweise auf seinen Geschmack und überläßt dem dienenden Typografen die Einzelheiten des Entwurfs.

Oft spreche ich mit meinen Kunden nicht nur über die Form von Drucksachen, über Schrift, Farbe und Papier, sondern auch über die Funktion der bestellten Arbeit. Wenn beispielsweise in der Hochzeitseinladung ein Hinweis auf die von den Gästen gewünschte Kleidung fehlt und der Charakter der Einladung oder der Ort des Festes diesen auch nicht ersetzen kann, rate ich zu einer entsprechenden Ergänzung. Und wenn ich befürchte, der gewünschte Duktus einer Visitenkarte könnte ihrem Zweck nicht gerecht werden, dann soll sich mein Auftraggeber darauf verlassen können, daß ich meine Bedenken zur Sprache bringe, um seinen Entscheidungsspielraum zu erweitern.

In der ersten Beratung wird die Anmutung der gewünschten Drucksache besprochen. Für den Entwurf sollte der Designer wissen, was seinem Auftraggeber gefällt und was ihm mißfällt. Ein Gestalter beherrscht mehrere Formsprachen. Er kann eine Drucksache in strengem klassizistischen Stil entwerfen, ebenso aber auch in der Form der Neuen Typografie der 1930er Jahre, und er kann ihr einen zeitgemäßen Anstrich auf unterschiedliche Arten geben. Welche Formsprache vom Auftraggeber gewünscht wird, welcher Stil, welcher Assoziationsreiz, versucht der Designer im Gespräch zu ermitteln.

Fühlt sich ein Auftraggeber angesichts der daraus entstandenen ersten Entwürfe mißverstanden, so benenne er dem

Typografen die Störung des eigenen Empfindens. Er äußere das ohne die Sorge, für verständnislos gehalten zu werden. Von ihm ist die Expertise nicht zu verlangen. Es obliegt dem Designer, die Ursache für die Unzufriedenheit zu finden, um den Entwurf ändern zu können.

Allzu feste Vorstellungen sollte man dem Entwerfer nicht aufdrängen wollen. Beispielsweise wird eine bestimmte Druckfarbe auf einem bestimmten Papier, wie wir bereits erörtert haben, in einer anderen Schrift und auf einem anderen Papier auch eine andere Wirkung entfalten. »Können Sie dieses so herrlich leuchtende Blau auf einen roten Karton drucken?« Das kann man wohl, aber es würde dann nicht mehr herrlich leuchten, sondern unleserlich flimmern. Einzelne Entwurfselemente sind manchmal nicht miteinander vereinbar, und in dieser Hinsicht sollte man vom Designer eine freimütige Beratung erwarten.

»Welch eine hübsche Schreibschrift auf dieser Einladung! Die hätte ich gern auf meinem Briefbogen.« Wenn nun aber der Typograf sieht, daß die Handschrift des Korrespondenten nicht zur gedruckten Schreibschrift des Musters paßt, wäre sein Einwand eine sinnvolle Intervention.

Alle guten Entwerfer haben diese Folgen einzelner Entscheidungen im Blick, beispielsweise auch ein Maßschneider, in dessen Atelier ein Material ausgesucht wird: »Dieser Stoff ist hübsch, machen Sie mir ein Kleid daraus?« – »Daß die großen Karos Sie etwas korpulent wirken ließen, würde Sie nicht stören?«

Gelegentlich führen zu wenig besprochene Vorstellungen in einen Konflikt. Designer kennen dessen Verlauf: Man hat ein Angebot unterbreitet, es wurde eine amateurhafte Skizze vorgelegt, der Auftrag wurde übernommen. Der Kunde erwartet eine Umsetzung seiner Skizze. Der Entwerfer meint, mit ein paar Verbesserungen sei aus dieser mangelhaften Skizze eine gute Drucksache zu machen und der Kunde werde seinen Vorschlägen zustimmen, wenn er die Entwürfe nur erst sieht. Einige Elemente der Ursprungsskizze, die sich darin nicht finden, werden eingefordert, beispielsweise eine Schriftmischung, die den Regeln guter Typografie entgegensteht. Der Designer kann sich nicht dazu durchringen, diese Änderungen vorzunehmen, weil in seinen Augen die Drucksache dadurch unansehnlich wird. Er möchte für die Güte seiner Arbeit nach seinen Kriterien einstehen. Nun wendet der Kunde ein: »Die Drucksache muß mir gefallen, auch wenn ich nichts von Typografie verstehe.«

Hat er recht? Einerseits gewiß. Wer möchte schon eine Visitenkarte überreichen, die ihm nicht gefällt und ihn obendrein an einen besserwisserischen Schriftexperten erinnert. Andererseits ist die Verweigerung gegenüber Kundenwünschen ein Warnsignal: Wenn der Designer sich dem Auftrag und dessen Honorierung lieber entzieht, als einem Kundenwunsch zu folgen, sollten die Formwünsche überdacht werden.

Ein ehrlicher Handwerker drückt sich nie um ein Gespräch über Preise. Er hat sie ordentlich kalkuliert, seine Kosten für die Werkstatträume, für die Technik, für sich selbst und seine Angestellten berechnet.

Als ich meine Werkstatt eröffnete, hatte ich ein geringes Einkommen. Ich hätte mir damals nicht leisten können, bei mir eine Arbeit in Auftrag zu geben. Weil ich mein eigenes geringes Vermögen irrigerweise mit meinen Preisen verglich, hatte ich ein schlechtes Gewissen – und setzte zu niedrige Preise an, um zu einem angemessenen Auskommen zu gelangen. Bis eines Tages eine Kundin erstaunt meinte, man merke den Preisen nicht an, daß es sich bei den Arbeiten um individuelle Anfertigungen und Handarbeit handele. Befreundete Unternehmensberater haben mich auf meine Zwickmühle und meine Fehlschlüsse hingewiesen und mir klargemacht, daß ich mit diesem Handwerk nicht jeden bedienen können muß, nicht einmal mich selbst. Was sollte ein Goldschmied erst dazu sagen?

Wenn man seinen Preis ehrlich berechnet hat, scheut man sich nicht, ihn zu verteidigen. Es ist für einen deutschen Handwerker allerdings nicht üblich, Preise auszuhandeln. In anderen Ländern gehört das Handeln zum Kauf, zum Anwärmen der Geschäftsbeziehung. Der hiesige Handwerker empfindet den Versuch, über seinen kalkulierten Preis zu reden, eher als Mißtrauen. Als verlange er seinen Preis unberechtigt.

Unser Verhältnis zu Preisen für Konsumgüter ist, wie schon erwähnt, durch die Industrialisierung geprägt, sie hat uns zu materiell vermögenden Leuten gemacht. Handwerkliche Anfertigungen waren zu vorindustriellen Zeiten, als man beispielsweise ein Möbelstück für sein ganzes Leben machen ließ und Handwerk für jedermann üblich war, weniger Luxus als heute, da man fast alles in konfektionierter Ausführung kaufen kann. In jenen Tagen gehörte das Gespräch über Preis und Leistung, das Handeln und Feilschen, zum Geschäft. Wenn es etwas teurer sein durfte, wurde der Aufwand erhöht. War das Budget kleiner, wurde billigeres Material verwendet und weniger Mühe in die Ausführung gesetzt. Aber wer den Preis nur zum eigenen Vorteil festlegen wollte, wurde des »Schacherns« verdächtigt.

Heute kann man als Konsument durch sein ganzes Leben spazieren, ohne jemals etwas eigens für sich anfertigen zu lassen. Unter »Handwerk« verstehen viele Menschen nur noch Reparatur, allenfalls Installationsarbeiten. Handwerker kommen ins Haus und machen Lärm und Dreck, lautet ein

Vorurteil. Obwohl auch bei geringfügig scheinenden Reparaturarbeiten der Handwerker den Gesamtplan der Anlage und die Auswirkungen seines Eingriffes bedenken muß. Anfertigungen des Handwerkers für den persönlichen Bedarf sind Luxusgüter geworden, ob es sich um Möbel, Kleidung oder Schmuck handelt.

Drucksachen gerieten erst später in diesen Industrialisierungsstrudel. Die Copyshops gruben in den 1970er Jahren als erste den kleinen Druckereien in den westlichen Industrieländern das Wasser ab. (In den sozialistischen Diktaturen entstanden solche Geschäfte nicht, weil sie schwer kontrollierbare Vervielfältigungen ermöglicht hätten.)

Als das Internet in die Wohnstuben drang und industrielle Druckereien Online-Angebote ausarbeiteten, wurden noch einmal viele kleine Druckereien ihrer Aufträge beraubt. Dadurch entstanden aber auch neue Berufsfelder. Nie zuvor gab es so viele selbständige Grafikdesigner und Agenturen, die jenen Teil der individualisierenden Arbeit übernehmen, der von Online-Druckereien nicht angeboten wird: den Entwurf. Nicht jeder macht seine Druckvorlagen für die billigen Online-Druckereien selbst. Diese bieten nun schon lange zahllose Schablonen an. Man kann auf der Internetseite einer Online-Druckerei Vorlagen für allerlei Drucksachen mit eigenen Daten füllen und in den Druck geben. Doch der Designer ist dadurch nicht zu ersetzen. Kein Computerprogramm kann nach menschlichen Vorstellungen von Schönheit Entwürfe herstellen. Und man kann von einem Computerprogramm auch nicht erwarten, daß es einen Einladungstext ein wenig umstellt, wenn sich aus der kleinen Textänderung ein schönerer Entwurf ergibt. Computer verstehen keine Stilkunde.

Einen guten Entwurf zu erschaffen, ist seit je geistige Arbeit gewesen. Wird also eine Drucksache eigens entworfen, muß der Preis notwendigerweise spürbar höher sein, als wenn der Auftraggeber eine Schablone ausfüllt und das vollautomatisch hergestellte Produkt die erste Berührung einer menschlichen Hand erfährt, wenn der Auftraggeber es auspackt. Deshalb kostet ein Päckchen Visitenkarten in einer Online-Druckerei fünf und nach Erarbeitung durch einen Designer und mit einem besonderen Druckverfahren auf besonderem Papier gedruckt, 250 Euro.

Dieser große Preisunterschied ist auch drucktechnisch erklärlich. In der industriellen Druckerei wird die eine Visitenkarte mit fünfzig anderen auf einen Druckbogen gesetzt und erst in der Schneidemaschine zum individuellen Produkt. Deshalb ist die Papierauswahl klein. Der konventionelle Drucker druckt jede Akzidenz für sich.

In der herkömmlichen Druckerei hat sich aber auch einiges verändert. Heute wird ausführlicher beraten, weil vom Handwerk mehr Individualisierungsaufwand erwartet wird als früher, da es die industriellen Visitenkarten noch nicht gab. Die Auswahl von Papier und der Anspruch an den Entwurf sind ungleich größer als noch vor ein paar Jahrzehnten. Vor zwanzig Jahren, ich war damals angestellter Schriftsetzer, dauerte die Bestellung einer Visitenkarte kaum länger als zehn Minuten. Es gab eine Handvoll Papiersorten, eine Handvoll Entwürfe. Die Visitenkarte mußte vor allem funktionell sein, Schönheit war nebensächlich. Für Geburtsanzeigen boten wir nur zwei oder drei fertige Entwürfe an, in denen Namen und Daten nach Auftrag geändert wurden. Hier zeigte das Handwerk schon industrielle Züge.

Aufträge dieser Art gibt es immer noch. Sie werden heute von den industriellen Druckereien ausgeführt. Der Kunde sendet eigene Vorlagen ein oder füllt vorhandene Vorlagen selbst aus. Ein Gespräch über den Entwurf ist nicht vorgesehen und wird natürlich auch nicht berechnet. Das ist Konfektion, und sie soll billig sein.

Der Designer einer Visitenkarte berechnet eine aufwendige Arbeit, auch wenn diese Bemühungen nicht als Anstrengung um eine auffällige Form sichtbar werden dürfen. Er berät seinen Kunden ausführlich, das kann schon eine Stunde oder mehr dauern. Er sucht einen Ausdruck durch Schrift, Anordnung, Farbe, Papier.

Während dieser Arbeit mit den Händen, mit Bleistift oder Maus und Tastatur entwickelt er ein Bild auf Papier oder dem Bildschirm, und zugleich verändert sich seine Vorstellung vom Ergebnis. Diese Entwürfe kann der Auftraggeber nun wieder für sich prüfen und vom Entwerfer Änderungen vornehmen lassen, bis die Vorlage zur Zufriedenheit beider fertig ist. Das alles kostet viel Zeit.

Diese Art zu arbeiten setzt auch einen anderen Umgang des Handwerkers mit seinem Kunden voraus. Hat er einen zu niedrigen Stundensatz, wird er die nur pauschal berechnete Beratung so kurz wie möglich halten wollen. Für die anderen Kommunikationsebenen, die scheinbaren Abschweifungen und seine Beobachtungen, hat er keine Zeit. Er muß einen Kunden rasch wieder abschütteln, um sich dem nächsten Auftrag zuwenden zu können.

Der Unterschied zwischen einer sehr gut gesetzten Drucksache und einer schnell gemachten ist nicht auf den ersten Blick zu sehen und bleibt dem Unkundigen manchmal verborgen. Er zeigt sich im Detail, für das man ohne Übung keinen Blick haben kann. Die Unterschiede zwischen diesen beiden Visitenkarten beispielsweise sind für den typografisch Unkundigen wohl kaum zu sehen:

dr. johann d. gries
ÜBERSETZER

schlegelstraße 18 · 12345 stuttgart
telefon +49 69 012223
www.griessche-übersetzungen.de
gries@übersetzer.com

dr. johann d. gries
ÜBERSETZER

schlegelstraße 18 · 12345 stuttgart
telefon +49 69 012 223
www.griessche-übersetzungen.de
gries@übersetzer.com

Die erste Karte ist keine üble. Wem der Entwurf so wie abgebildet zu langweilig erscheint, der stelle ihn sich in Farben vor, in brauner Schrift auf ganz leicht bläulich getöntem Papier vielleicht, das kann sehr interessant aussehen.

Wenn ich nun eine Karte wie die obere in die Hand bekomme, freue ich mich zuerst über den gelungenen Entwurf und bedauere anschließend den Mangel an handwerklicher Ausarbeitung. Diese Details zu finden, braucht es lange Übung im Umgang mit Schrift.

Am besten zu sehen sind die Unterschiede, wenn beide Karten übereinanderliegen.

dr. **johann d. gries**
ÜBERSETZER

schlegelstraße 18 · 12345 stuttgart
telefon +49 69 012223
www.griessche-übersetzungen.de
gries@übersetzer.com

Es gibt eine ganze Reihe von Abweichungen in den Details des Schriftsatzes, die sich anhand von Vergrößerungen zeigen lassen. In der ersten Zeile steht in der unkorrigierten Fassung der Punkt hinter dem »r« zu weit ab, weil der sich rechts neben dem Buchstaben ergebende Freiraum nicht ausgeglichen wurde. Die Wortabstände sind überdies zu groß.

dr. johann d. gries

ÜBERSETZER

schlegelstraße 18 · 12345 stuttgart
telefon +49 69 012223
www.griessche-übersetzungen.de
gries@übersetzer.com

Die Versalien in der zweiten Zeile wurden nicht ausgeglichen. Die Abstände um das T herum sind nicht enger gemacht worden, der Raum zwischen T und Z ist der größte in der Zeile. Solche Unregelmäßigkeiten sind zu neutralisieren, der Typograf nennt das »Versalausgleich«. Hier die beiden Zeilen gesondert, um den kleinen, aber wesentlichen Unterschied zu verdeutlichen:

ÜBERSETZER

ÜBERSETZER

Die erste Zeile mit dem Namen beginnt nicht auf einer senkrechten Linie mit der zweiten. Im Satzprogramm, übrigens auch im Handsatz aus Bleilettern, muß die Satzkante ausgeglichen werden. Die automatische Randausgleichsfunktion leistet das nur begrenzt. Da der Bogen vom kleinen »d« viel Weißraum beansprucht, wirkt die erste Zeile wie nach rechts eingezogen und muß ausgleichend etwas nach links verschoben werden.

dr. johann d. gries

ÜBERSETZER

schlegelstraße 18 · 12345 stuttgart

telefon +49 69 012 223

www.griessche-übersetzungen.de

gries@übersetzer.com

Im unteren Teil der ersten Karte (links) steht die Schrift zu eng. Hier in der Vergrößerung wirkt die Überarbeitung auf der rechten Seite zu weit gesetzt, aber das ist nur eine Folge dieser Vergrößerung. Je kleiner Schriften sind, desto weiter müssen sie laufen. Maßstabsveränderungen erfordern immer Überarbeitungen, die Vergrößerung wäre typografisch ungenügend, sie dient hier nur der Erklärung.

In der linken Karte bestehen die Zwischenräume innerhalb der Telefonnummer aus ganzen Wortabständen. Die Gruppierung der Zahl kann unauffälliger bewerkstelligt werden; es geht nur darum, das Lesen zu erleichtern. Zahlen, die aus mehr als fünf Ziffern bestehen, sind schlecht lesbar. Deshalb wurde auf der überarbeiteten Karte eine weitere Lücke zur Gruppierung eingefügt.

Die drei »w« in der vorletzten Zeile zeigen unbearbeitet zu viel Raum, der Punkt danach steht dichter am folgenden »g« als am vorausgehenden »w«, er gehört in die optische Mitte zwischen beiden Buchstaben. Die Räume um das @ wurden in der Überarbeitung etwas erweitert, auch mit dem Divis (Bindestrich) wurde so verfahren. Alle Punkte in den letzten beiden Zeilen wurden ausgeglichen, so daß sie optisch gleiche Räume haben.

In früheren Zeiten, bis vor etwa zwanzig Jahren, als die Gebrauchsgrafiker, wie man Grafikdesigner nannte, nur Entwürfe fertigten und die Schriftsetzer sie in Blei oder am Satzcomputer ausführten, lag die handwerkliche Arbeit am Detail in der Verantwortung der Setzerei. Viele Grafiker hatten kaum einen Blick dafür. Von dem berühmten Typografen Jan Tschichold allerdings ging die Legende um: Wenn der Tschichold die Druckkerei durch die Vordertür betritt, springt hinten der Faktor aus dem Fenster. Der Entwerfer war bekannt dafür, den Schriftsetzern höchste Genauigkeit abzuverlangen. Einige seiner handschriftlichen Korrekturen von Buchtiteln sind der Nachwelt erhalten und zeigen, was er unter Präzision verstand.

Heute wird in den Hochschulen, die Grafikdesigner ausbilden, auf die Handwerklichkeit im Schriftsatz zu wenig geachtet. Fast alle Vorlagen, die ich als Drucker von diplomierten Grafikdesignern bekomme, müssen bearbeitet werden. Und auch die Ausbildung von Mediengestaltern, die am Anfang des Zeitalters der digitalen Programme die Schriftsetzer ablösten, ist meistens mangelhaft. Mediengestalter haben ein vollgestopftes Ausbildungsprogramm; sie befassen sich mit Foto, Film und Ton, mit dem Programmieren von Internetseiten für große und winzige Bildschirme. Für handwerkliche Details bleibt in keinem Fach genug Zeit.

Weil der Beruf aber sehr beliebt geworden ist, gibt es sehr viele Grafikdesigner, und ich halte es für eine erfreuliche Entwicklung, daß die Kenntnis von Detail- oder Mikrotypografie, wie man dieses Fachgebiet nennt, als Distinktionsmerkmal zu gelten beginnt.

Um den Anlaß dieser Ausführungen aufzugreifen: Es versteht sich, daß eine präzise Satzarbeit deutlich mehr Zeit kostet, als wenn die Details dem Programm überlassen werden, und daß dieser Aufwand sich im Preis widerspiegelt.

Preise können ein unerschöpflicher Gesprächsgegenstand sein, zumal wenn man selbst noch nie den Preis für ein Produkt kalkuliert hat. Die Anregungen, die mir durchaus wohlmeinend manchmal gegeben werden, tragen auch bizarre Blüten. So wurde mir gelegentlich in bester Absicht geraten, von Kunden, die aus teuren Autos klettern oder hochwertige Garderobe tragen, für meine Arbeit höhere Preise zu verlangen. Doch kein vernünftiger Handwerker würde so etwas tun. Aus mehreren Gründen: Kundschaft läßt sich nicht taxieren. Das teure Auto vor der Tür kann ein Leihwagen sein oder ein Dienstwagen. Nicht alle Leute, die ein Auto haben könnten, fahren eines. Auch Betuchte benutzen öffentliche Verkehrsmittel oder interessieren sich nicht für Autos. Wer viel Geld für Kleidung ausgibt, muß deshalb noch keine größeren Summen in Drucksachen investieren. Das Finanzvermögen eines Menschen unserer Tage von seiner äußeren Erscheinung abzuleiten, halte ich für leichtfertig. Und selbst wenn man richtig riete, so wüßte man doch nicht, welches Budget der für »reich« gehaltene Mensch für sein Briefpapier vorgesehen hat, und müßte ausforschend um ihn herumschleichen, statt sich auf seine Aufgabe zu konzentrieren.

Aber der wesentliche Grund dafür, den Auftraggeber nicht zu taxieren, ist ein anderer: Es wäre unanständig. Der Ruf des Handwerkers geriete zu Recht in Gefahr, wenn seine Auftraggeber beim zufälligen Preisvergleich Unterschiede feststellen sollten, die nicht durch die Dienstleistung begründbar sind. Wer seine Kunden ungleich behandelt und ein Privilegiensystem bastelt, sollte auf Schacherei gefaßt sein, weil er sich selbst unberechenbar gemacht hat. Preise müssen strikt nach dem Wert der Leistung kalkuliert werden.

Die Visitenkarte war noch vor 50 Jahren im Grunde ein mehr oder minder schön bedruckter weißer Zettel mit Namen, Adressen, Telefonnummern. Vielleicht erschien es dem Individuum weniger wichtig, sich als solches darzustellen. Nivellierende Ideologien des industriellen Zeitalters mögen nachgewirkt haben; die Menschen hatten auch weniger Zeit und Anlaß als heute, sich um ihre Darstellung in solchen Details zu kümmern. Heute wird für einen individuellen Auftritt oft Aufwand betrieben bis in die Visitenkarte, den herzustellen allerdings meistens industrielle Verfahren eingesetzt werden. Solche Drucksachen sind schön und originell, wenn ein fähiger Designer sie erdacht hat, sie wirken aber ebenso glatt und kalt wie jedes Industrieprodukt, wenn bei ihrer Herstellung der menschliche Einfluß nicht zum Zuge gekommen ist.

Individualisierungswünsche vieler können auch in uniforme Moden münden. Wo zeigt sich individueller Ausdruck in Drucksachen tatsächlich: Eine von Hand geschriebene Schrift, echte Kalligrafie, strahlt mehr Wärme aus als eine digital gesetzte Zeile, selbst wenn beide mit schnellstem Offsetdruck auf billigem Papier gedruckt sind. Individuell ist in der Kalligrafie nicht die Idee der Schreibschrift, sondern die Ausführung eines alten, durchaus konventionellen und geregelten Handwerks durch einen Menschen in der ihm eigenen Arbeitsweise, die bei genauer Analyse ihm allein zugeschrieben werden kann. Das ist bei jedem Handwerk so – auch wenn sich niemand die Mühe einer solchen Analyse der individuellen Handschrift eines Handwerkers machen würde, die dieser im übrigen zu verstecken sucht: Der Handwerker strebt nach der sachgemäßen Güte, nicht nach der Darstellung seiner Person.

Handschrift ist aber nicht das einzige Mittel, um eine Drucksache zu erwärmen. Im Entwurf selbst sollte genügend

Wärme stecken. Das Individuelle teilt sich dezent mit und tritt natürlicherweise hinter den Eigner der Drucksache zurück, wohin es gehört. Eine Visitenkarte aus Sperrholz, in die der Text maschinell von Laserstrahlen gefräst wurde, ist noch relativ selten (und wird es bleiben), sie scheint ausgefallen zu sein, doch ähnelt sie jeder anderen Sperrholzkarte in ihrer Präzision und kann auch nur durch eine handwerklich gezeichnete Vorlage »angewärmt« werden – wie die Offsetvisitenkarte mit handgemachter Schreibschrift. Für Karten aus Metall und Kunststoff gilt das ebenso, sie sind originell, aber auch ein wenig lächerlich – wie ein Spielzeug in der Hand eines Erwachsenen, und sie sind nur darin eigen, nicht in ihrem industriellen Wesen.

Im digitalen Schriftsatz ist – vernünftigerweise – vieles automatisiert, etwa die Herstellung einer glatten Textspalte oder, um ein Detail zu bezeichnen, einer Zeile auf einer Visitenkarte. Man kann sich seine Visitenkartensammlung nehmen und beispielsweise anschauen, wie oft der Punkt nach »www« in der Internetadresse dichter am nächsten Buchstaben steht als am vorhergehenden »w«.

Im alten Setzverfahren mit Bleilettern war das noch anders. Da ich selbst es als einer der wenigen noch ausführe, sei mir die Ausführung zu einem kaum noch anzutreffenden Handwerk nachgesehen.

Der Schriftsetzer mit dem Winkelhaken in der Linken, mit der rechten Hand die bleiernen Lettern aus dem Setzkasten greifend, setzt jedes druckende und nichtdruckende Element einzeln ein und kümmert sich dabei, sofern er nach den Kunstregeln seines Berufs arbeitet, nach Möglichkeit auch um die Buchstabenabstände. Wo er kann, wird er schon während des Setzens harmonisierend wirken. Der Handsetzer wird nach dem auf www folgenden Punkt einen Raum einfügen, optisch so groß wie zwischen »w« und Punkt. Ganz von selbst fließt an solchen Stellen seine eigene Denkart über den Schriftsatz in das Bild ein. Der eine Setzer nimmt engere Wortzwischenräume als der andere, ein nächster sperrt Versalzeilen etwas weiter, ein vierter erweitert Minuskelziffern der Garamond mit Seidenpapier oder Viertelpunktspatien (nichtdruckendes Material), weil sie ihm zu eng erscheinen, ein fünfter gleicht Zeilenabstände auf der Visitenkarte mit Akribie aus, denn geometrisch gleiche können, wenn man genau hinschaut, wegen der Ober- und Unterlängen optisch verschieden wirken. Auf diese Weise ergibt sich aus dem Handsatz ein eigenwilliges Schriftbild, dazu freilich aus der unterschiedlichen Abnutzung der Lettern, die das Schriftbild etwas weniger kalt erscheinen lassen.

Der Vorzug des Bleisatzes besteht also im Charakter der Lettern, den Spuren ihrer Verwendung, ihres Alters und in der Art des Setzers, sie zu Zeilen und Schriftbildern zu fügen. Das sind sogar eigentlich recht neue Erkenntnisse, denn noch vor zwanzig Jahren haben wir Setzer und Drucker uns über Alterungsspuren, wenn wir sie überhaupt bemerkten, eher Sorgen gemacht. Wir fanden sie unangenehm, bedauerlich, denn Bleilettern kosten viel Geld. Wir haben Buchstaben mit angebrochenen Serifen aussortiert und in den letzten Korrekturen einer Drucksache die technische Perfektion angestrebt. Gußfrische Schriften hat man lieber verarbeitet als lange gebrauchte. Erst als mit dem Fotosatz und, noch mehr, dem digitalen Satz typografische Perfektion erreicht worden war, zeigte sich in der mit technischer Perfektion angefüllten kühlen Produktewelt die Wärme des Handsatzes so deutlich, daß sie neben anderen handgemachten »warmen« Dingen einen Wert an sich darstellte.

Druckvorlagen können in verschiedenen Druckverfahren umgesetzt werden: im traditionellen Hochdruck (Buchdruck, engl. *Letterpress*) mit den Druckpressen, in denen früher Schrift nur als Bleisatz verarbeitet wurde. Dazu werden die digitalen Vorlagen in Kunststoff, Zink oder Magnesium geätzt oder in Messing graviert.

Für hohe Auflagen erweist sich der Offsetdruck als preisgünstig für hohe Qualität. Dafür werden flache Druckplatten hergestellt, auf denen die Farbe durch chemische Vorgänge an den richtigen Stellen haftet und von dort über ein Gummituch auf das Papier gepreßt wird.

Eine ähnlich gute Qualität läßt sich mit modernen Digitaldruckmaschinen auch für kleinere Auflagen erzielen. Da für den Digitaldruck keine Druckplatten hergestellt werden müssen, sind die Kosten am Beginn der Produktion viel niedriger als im Offsetdruck. Die digitale Drucktechnik entwickelt sich ständig weiter. Mit speziellen Maschinen können durch mehrschichtige Farbaufträge sogar Reliefs gedruckt werden, unterschiedlichste Materialien sind bedruckbar.

Beim Stahlstich, einem Tiefdruckverfahren, wird die flüssige Farbe in die von Hand gestochenen oder maschinell gravierten Vertiefungen gebracht und mit einem Rakel von der Ebene abgewischt. Durch hohen Preßdruck zieht das Papier die Farbe aus den Vertiefungen der Platte. Dieser Druck ist so hoch, daß auf der Rückseite des Bogens Vertiefungen entstehen. Die Lackfarbe zieht nicht ins Papier ein, sondern bleibt erhaben und glänzend auf dem Bogen stehen.

Der Stahlstich ist nicht mit dem billigeren Imitat des Reliefdrucks zu verwechseln. Für den Reliefdruck wird mit gewöhnlicher Farbe im Offset oder Buchdruck gedruckt und die frische Farbe mit einem Granulat aus Kunststoff versehen, das auf der Farbe haften bleibt. Durch Infrarot-Erhitzung quillt der schmelzende Kunststoff auf und trocknet als Relief. Der Thermoreliefdruck imitiert nur schlecht den echten Stahlstich. Die aufgebackene Kunststoffschicht hat eine entsprechend plastikartige, hartgummiartige Haptik; meistens quillt der transparente Kunststoff etwas über die gedruckte Linie hinaus. Dieses Druckverfahren darf in seiner Eigenschaft als schlechtes Imitat getrost stillos genannt werden.

Bis auf den Thermoreliefdruck sind alle Verfahren für gute Drucksachen geeignet. Entscheidend sind, wie ich hoffe, in diesem Buch gezeigt zu haben, aber stets der Entwurf und dessen sachkundige technische Umsetzung.

Akzidenz Gelegenheitsdrucksache
Buchdruck Hochdruck, engl. *Letterpress.* Die druckenden Elemente sind in der Druckform erhaben und pressen die Farbe direkt auf das Papier.
Dickte Breite eines Buchstaben inklusive der nicht sichtbaren Vor- und Nachbreite, die den Abstand der Buchstaben zueinander festlegt
Durchschuß Zeilenabstand
Farbschnitt Färbung der Schnittkante von Papier
Font engl., digitale Schriftdatei
Foundry engl., Schriftgießerei, heute Schriftenvertrieb
Gemeine Kleinbuchstaben
Glyphe griech., »Eingeritztes«, die grafische Darstellung eines Schriftzeichens
Kapitälchen KLEINE Großbuchstaben
Kerning Festlegung von bestimmten Buchstabenabständen für einen gleichmäßigen Lauf der Schrift in der Zeile
Laufweite allgemeiner Zeichenabstand einer Schrift
Letterpress engl., Buchdruck (gemeint ist meistens eine im Buchdruck hergestellt Akzidenz mit einer starken Tiefprägung)
Ligatur Buchstabenverbindung wie ff, fi, ffj, TT, KA, ct, st usw.
Majuskel Großbuchstabe (Versal)
Mediävalziffer wie eine Minuskel gearbeitete Ziffer mit Ober- und Unterlängen
Minuskel Kleinbuchstabe (Gemeine)
Minuskelziffer siehe Mediävalziffer
Mittellänge Höhe der meisten Kleinbuchstaben, beispielsweise »n« (auch x-Höhe genannt)
Prägung vertieftes oder erhabenes Relief
Oberlänge Teil der Kleinbuchstaben von der Oberkante

der Mittellänge bis zur oberen Begrenzung, zum Beispiel der obere Teil des Stammes vom »b«
Punze nichtdruckende Innenflächen von Buchstaben
Schriftlinie die gedachte Linie, auf der alle Buchstaben und Ziffern ohne Unterlänge sitzen
Schriftschnitt Normalbild einer Schrift (gewöhnlich, engl. regular) und Varianten: Buch (book), mager (light), kursiv (italic), halbfett (medium), fett (bold), schmalmager, breitfett, schmalhalbfett usw.; »Gewicht« ist eine falsche Übersetzung des englischen Fachbegriffes »weight«
Serifen Füßchen an den Enden der Buchstaben
Spatium kleiner Buchstaben- und Wortabstand
spationieren auch »sperren«, den Abstand zwischen den Buchstaben vergrößern
Typografisches Maßsystem 1 Punkt = 0,376 mm (System Didot, Bleisatz) oder 0,54 mm (System Pica, digital)
Unterlänge Teil der Kleinbuchstaben von der Unterkante der Mittellänge (Schriftlinie) bis zur unteren Begrenzung, etwa der untere Teil des Stammes vom »p«
Versal Großbuchstabe (Majuskel)
Versalausgleich gleichmäßiges Zeilenbild durch Erweiterung und Verengung der Buchstabenabstände, auch Neutralisieren und Harmonisieren von Versalien genannt
Versalziffer Ziffern sind alle gleich groß, etwa so hoch wie die Großbuchstaben (Versalien)
x-Höhe auch Mittellänge, Höhe der meisten Kleinbuchstaben wie etwa des »x«
Zurichtung Justierung der Buchstabenabstände einer Schrift

PETER JESSEN *(1858–1926)*, erster Direktor der Bibliothek des Kunstgewerbemuseums zu Berlin

EDWARD JOHNSTON *(1872–1944)*, englischer Schriftkünstler und Lehrer der Kalligrafie

ADOLF LOOS *(1870–1933)*, österreichischer Architekt, Architekturkritiker und Publizist

IMRE REINER *(1900–1987)*, ungarisch-schweizerischer Maler, Grafiker, Kalligraf, Schriftentwerfer

ROBERT SLIMBACH *(geb. 1956)*, amerikanischer Schriftentwerfer

Asfa-Wossen Asserate: *Manieren.* Leipzig, 2003
Rosemarie Behrens: *Papier unter der Lupe.* Hannover, 1950
Axel Bertram: *Das wohltemperierte Alphabet.* Leipzig, 2004
Max Caflisch: *Schriftanalysen.* St. Gallen, 2003
Rudolf Engel-Hardt: *Der Farbenreiz im Druckwerk.* Leipzig, 1926
Fritz Genzmer: *Urkunden Diplome Adressen.* Berlin, 1937/1954
Edward Johnston: *Schreibschrift, Zierschrift und angewandte Schrift.* Leipzig, 1928
Albert Kapr: *Fraktur.* Mainz, 1993
Adolf Loos: *Gesammelte Schriften.* Wien, 2010
Willi Mengel: *Formprobleme der gegenwärtigen Typographie.* Frankfurt am Main, 1955
Michel de Montaigne: *Essais.* Frankfurt, 1998
Gustav E. Pazaurek: *Guter und Schlechter Geschmack im Kunstgewerbe.* Stuttgart und Berlin, 1912
Paul Renner: *Funktionale Typografie.* Frankfurt, 1953
Kurt Georg Schauer: *Typografie der Mitte.* Frankfurt, 1954
Richard Sennett: *Handwerk.* Berlin, 2008
Jan Tschichold: *Meisterbuch der Schrift.* Ravensburg, 1952
Jan Tschichold: *Ausgewählte Aufsätze über Fragen der Gestalt des Buches und der Typographie.* Basel, 1975
Albert Windisch: *Die künstlerische Drucktype.* Frankfurt, 1955

Martin Z. Schröder, geboren 1967 in Berlin, wurde im Alter von 14 Jahren durch den Besuch einer Arbeitsgemeinschaft »Junge Schriftsetzer« im Ostberliner »Pionierpalast Ernst Thälmann« von der Leidenschaft für den handwerklichen Bleisatz gepackt, die ihn nicht wieder losgelassen hat. Nach einer Schriftsetzerlehre arbeitete er als Verlagshersteller, Korrektor, technischer Redakteur und Akzidenzsetzer. 1994 gründete er eine Druckwerkstatt in seiner Wohnung. 2003 eröffnete er eine konventionelle Bleisatz-Druckerei für Akzidenzen, aus der er 2007 in einem Blog mit vielen Abbildungen zu berichten begann. Seit 2017 veröffentlicht er Fotos und Videos zu handwerklichen und typographischen Themen in den sozialen Netzwerken. Mit Texten des Schriftstellers Max Goldt brachte er zwischen 1998 und 2012 vier bibliophile Büchlein inszenierter Typografie in Bleisatz und Buchdruck heraus, die im Jahr 2014 als Sammelband faksimiliert wurden. Für eine typografische Sonderausgabe der Wochenendbeilage der »Süddeutschen Zeitung« erhielt er gemeinsam mit dem Grafikdesigner und Kalligrafen Frank Ortmann 2013 den European Design Award und 2015 den German Design Award. Gelegentlich unterrichtet er Bleisatz an Hochschulen und gibt Kurse für Grundschulkinder. Er hat zahlreiche Beiträge über Typografie für die Feuilletons überregionaler Tageszeitungen geschrieben. Er entwirft Bücher, auch für den Verlag zu Klampen, in dem seit 2010 die Essay-Reihe in seiner Ausstattung erscheint. Schröders Druckerei im Internet: *www.druckerey.de*

Impressum

ISBN 9783866745186
2. Auflage, 2026, 2015
zu Klampen Verlag
Röse 21 · D-31832 Springe
info@zuklampen.de
www.zuklampen.de

Einband, Ausstattung und Entwurf: Martin Z. Schröder, Berlin
Satz: textformart, Daniela Weiland, Göttingen
Gesetzt aus Arno u.v.a.
Druck und Bindung: CPI – Clausen & Bosse, Birkstr. 10 · 25917 Leck

Bibliographische Information der Deutschen Nationalbibliothek:
Die Deutsche Nationalbibliothek verzeichnet diese Publikation in der Deutschen Nationalbibliographie; detaillierte bibliographische Daten sind im Internet abrufbar: http://dnb.d-nb.de